CUANDO SE MIDEN LAS PALABRAS: CONJUNTOS QUE CASI NUNCA LO SON.

ENRIC TRILLAS

ITZIAR GARCÍA HONRADO

CUANDO SE MIDEN LAS PALABRAS: CONJUNTOS QUE CASI NUNCA LO SON.

ENRIC TRILLAS

ITZIAR GARCÍA HONRADO

Ediciones de la Universidad de Oviedo
Servicio de Publicaciones de la Universidad de Oviedo
ISNI: 0000 0004 8513 7929
Campus de Humanidades. Edificio de Servicios.
33011 Oviedo (Asturias)
Tel. 985 10 95 03
https://publicaciones.uniovi.es/
servipub@uniovi.es

Esta Editorial es miembro de la UNE, lo que garantiza la difusión y comercialización de sus publicaciones a nivel nacional e internacional.

Este libro ha sido sometido a evaluación externa y aprobado por la Comisión de Publicaciones de acuerdo con el Reglamento del Servicio de Publicaciones de la Universidad de Oviedo.

ISBN: 979-13-87540-17-3
D L AS 912-2025

Imprime: Servicio de Publicaciones. Universidad de Oviedo.

INDICE DE CONTENIDOS

PREFACIO

Es del gran, original, escritor Enrique Vila-Matas la afirmación *No nos engañemos: escribimos siempre después de otros.* En particular, los autores de este escrito no sólo escriben después de ellos mismos, dedicados a investigar la teoría de los conjuntos borrosos durante muchos años, sino también y muy especialmente, después de Lotfi A. Zadeh, introductor del concepto de conjunto borroso (*Fuzzy Set,* en inglés).

Sin embargo, una cosa es escribir detrás de otros y otra es repetir lo que éstos hayan dicho; una cosa es «inspirarse en» y otra bien distinta «copiar a». Este libro se inspira, nada menos, que en la obra de Zadeh (fallecido en 2017) a quién ambos autores conocieron y fue maestro y amigo del primero; lo que no se intenta es copiarle, algo que les parecería, más que una falta de respeto, una grosería.

Durante mucho tiempo han buscado la forma de aproximarse a las ideas de Zadeh, explicándolas lo mejor y más claramente posible; en particular, han intentado no caer en lo que creen un error, derivado de una precipitada interpretación de Zadeh: la confusión entre un conjunto borroso y una de sus funciones de pertenencia, así como la ocultación de su relación con el significado extensional de la etiqueta lingüística definitoria del *fuzzy set* y que Zadeh había visto claramente.

Se intenta ver los conjuntos borrosos desde un punto de vista lingüístico, una visión que, nada lejana de la de Zadeh, se presenta de manera original y que, junto con la visión del también desaparecido Enrique H. Ruspini (en 2019) y basada en los operadores de indistinguibilidad, son las aproximaciones más claras al concepto de función de pertenencia introducido por Zadeh, si bien basadas en percepciones de distinto tipo.

Como el título del libro indica, los conjuntos borrosos no están tan claramente asociados al mundo físico como lo están conjuntos nítidos del tipo «las manzanas de un cesto», «el cesto de manzanas»; son entidades lingüísticas virtuales, imprecisas, que, no obstante, reflejan algo real. Así, aunque mostrar el prototipo de «español alto» sea difícil, si acaso es posible, en nuestra habla los consideramos con la misma confianza que consideramos objetos como una silla en un restaurante y por más que no seamos capaces de percibir e indicar claramente dónde empiezan y dónde acaban, sino sólo mostrar elementos límite entre ellos y lo otro.

Las palabras imprecisas son muchísimas y resultan importantes por cuanto, entre otros aspectos, permiten decir las cosas sugerentemente y con cierta rapidez. Es prácticamente imposible mantener una conversación interesante sin emplear palabras imprecisas, son palabras muy útiles y en gran medida por su elástico significado enfrentado al rígido de las palabras precisas.

Cuanto sigue trata algunos problemas, tal vez sólo los iniciales y más inmediatos, que giran alrededor de los conjuntos borrosos y lo que se ha llamado la lógica borrosa que, como se intentará mostrar, no es, esencialmente, nada más allá de una formalización matemática del razonamiento de sentido común propio de las personas y que, junto con el lenguaje, las define; al fin, la *ratio* latina en el *logos* griego. El gran patrimonio de la Humanidad.

Los conjuntos borrosos aparecen al intentar describir las cosas que se tienen a mano, como es, por ejemplo, el funcionamiento de una máquina, las reglas que de seguirlas consiguen que funcione y como sucede en el caso de intentar mantener verticalmente una escoba en la palma de la mano (péndulo invertido) y conseguirlo sin más que unas pocas reglas del tipo «Si la escoba cae hacia delante, muevo la mano hacia delante», etc.

Es precisamente por eso que este libro se ha escrito pensando en la enseñanza media y profesional de tipo técnico; en la segunda por cuanto uno de sus objetivos son las máquinas y en la primera porque es necesario modernizarla y para ello se debe cambiar la lección derivada de la medieval «magistral», la impartida por el «magister», es un cambio esencial para que aumente el interés de los alumnos a los que, no debe olvidarse jamás, se trata de educar a través de la enseñanza y no de examinar continuamente.

Es por eso que cambiar de la lección magistral a la «proyectual», a trabajar profesores y alumnos conjuntamente en un proyecto didáctico planificado por los primeros, es relevante; por lo menos, así lo creen los autores.

Por eso este libro ofrece a los profesores de aquellas enseñanzas los fundamentos de la lógica borrosa; una especialidad nacida en 1965 que cuenta con especialistas que la estudian o la aplican en todos los países del mundo con universidades, centros de investigación o empresas con tecnología propia. Una especialidad que abre la ventana a un grandísimo número de posibles aplicaciones, de entre las cuales hay muchas que pueden simplificarse para estar al alcance de aquellas enseñanzas y de las cuales se mostrará una lista sugerente.

1. INTRODUCCIÓN

De manera análoga a cómo se han domesticado animales salvajes, es decir, se les ha amansado y criado en cautividad en beneficio de las personas y, por así decirlo, se les ha incorporado al entorno de nuestra casa (*Domus*, en Latín), también la ciencia «domestica» conceptos con cuya formalización y medida obtiene resultados que ni podían atisbarse siendo «salvajes». Es decir, sin antes haber intentado definirlos o, por lo menos describirlos, y medirlos.

Uno de esos conceptos es el de *significado*, cuya domesticación científica ha surgido lentamente a través de ir descubriendo que las palabras predicativas, aquellas que expresan, nombran, conceptos o propiedades, pueden representarse matemáticamente y a partir de la identificación de su significado y uso hecha por el filósofo Ludwig Wittgenstein en su libro póstumo «Investigaciones filosóficas», *El significado de una palabra es su uso en el lenguaje.*

En este libro no se intenta sino esbozar cómo se ha domesticado el significado que un tipo de palabras muestran en el lenguaje a través de la llamada «teoría de los conjuntos borrosos» que, como se verá, puede identificarse con una «teoría del significado medible».

Es un libro sobre los conjuntos borrosos que, sin ser «de divulgación» pueda servir a los profesores de Enseñanza Secundaria y Bachillerato para conocer una teoría que cuenta con muchísimas aplicaciones prácticas. Aplicaciones que van desde el control de cámaras autofoco, a los tensiómetros, el funcionamiento automático de lavadoras y lavavajillas, los cambios de marcha de los automóviles, el funcionamiento de trenes sin conductor, de puentes grúa, etc.

Siendo un tema que se desarrolla matemáticamente, es de obvio interés para los profesores de matemáticas, pero por sus aplicaciones no lo es menos para los de física y tecnología y amén que, tratando del «significado» de las palabras, debe serlo también para los de lengua y filosofía. En todo caso, este libro se ha escrito pensando en todos los profesores de Enseñanza Media, Bachillerato y Formación Profesional.

2. ¿PARA QUÉ LOS CONJUNTOS?

2.1. Conjuntos en sentido clásico

En las matemáticas del Bachillerato la «teoría de conjuntos» tiene un papel relevante y que no es por capricho de los enseñantes, sino por ser algo que merece la pena ser enseñado; algo que los estudiantes deben conocer.

Sirve para representar el conocimiento, mostrar sus componentes y conocer que un cierto tipo de razonamiento se identifica con el cálculo conjuntista. Que, por tanto, *ese razonamiento es un cálculo*; por lo menos es «isomorfo» a ese cálculo.

Por ejemplo, el conocimiento «Todo número natural es bien par, o bien impar» se representa por las fórmulas conjuntistas,

$$\mathbf{N} = P \cup I, P \cap I = \emptyset,$$

indicando que el conjunto **N** de los números naturales,

$$\mathbf{N} = \{1, 2, 3, 4, ..., n, ...\},$$

se clasifica, se parte o divide exactamente en dos subconjuntos formados por los que son pares (P = {2, 4, 6, ...}) y los que son impares (I = {1, 3, 5, 7, ...}), sin que ninguno de los unos sea uno de los otros. Análogamente, el razonamiento mostrado por el conocido silogismo:

«Todos los hombres son mortales & Sócrates es un hombre: Sócrates es mortal».

Se representa por

$$\mathbf{H} \subseteq \mathbf{M} \;\&\; S \in \mathbf{H} : S \in \mathbf{M},$$

unas fórmulas que, mostrando el cálculo con los conjuntos involucrados y las relaciones básicas entre ellos, permiten encontrar algorítmicamente la conclusión del razonamiento. Tales relaciones vienen representadas por los símbolos:

- $\in$ (pertenece a), traduciendo «de» o «está» entre un conjunto y sus elementos.

- $\subseteq$ (incluido en), traduciendo «de» o «está» entre dos conjuntos; que el que está antes del símbolo es parte, subconjunto, del que está detrás.

- $\cap$ (intersección), traduciendo «está aquí **y** está allí», la conjunción.

- $\cup$ (unión), traduciendo «está aquí **o** está allí», la disyunción

- $\emptyset$ (conjunto vacío),

- X (conjunto universal),

- $\mathbf{P}^c$, el conjunto complementario de **P**, traduciendo «no está aquí», la negación.

Aquellos ejemplos se refieren a conceptos cuyos significados son precisos; no hay duda sobre si un número es par o no lo es, un número es par o impar, no hay números parcialmente pares o impares, los hombres se suponen mortales o no mortales, etc. Se trata de las propiedades conjuntistas siguientes:

$$\mathbf{P} \cup \mathbf{P}^c = X, \mathbf{P} \cap \mathbf{P}^c = \emptyset.$$

Es decir, cada subconjunto y su complemento constituyen una clasificación perfecta del universo X. La menos interesante de tales clasificaciones se obtiene con **P** = X, conjunto para el cual es $\mathbf{P}^c=\emptyset$; en una clase de la clasificación, o parte de la partición, está todo y en la otra nada.

El cálculo conjuntista es como una fotografía del razonamiento con conceptos precisos; valdría, por ejemplo, con el concepto de «menos de 30 años», pero no valdría con «joven» que es un concepto impreciso. Una palabra P nombrando un concepto preciso en un universo X del discurso, es decir, predicando de los elementos de X una propiedad binaria p, una que muestran por completo o no la muestran en absoluto, especifica un conjunto **P** contenido en X. Ese conjunto es, realmente, el significado de P en X; el significado extensional si se quiere.

2.2. Conjuntos a través de propiedades

Recíprocamente, dado un conjunto **P** contenido en X, basta nombrar por una palabra, sea P, la propiedad binaria «pertenecer a **P**» (es decir, P (x) = «$x \in \mathbf{P}$» para cada x de X), para que **P** no sea sino el conjunto especificado por P en X. Por lo tanto, si el concepto es preciso, rígido, inflexible, cabe afirmar:

conjunto especificado por P *en X = significado de* P *en X.*

Si el concepto no es rígido sino maleable, impreciso o flexible, ¿cómo se define su significado en X? La pregunta no es baladí; en las discusiones usuales, intervienen más palabras imprecisas que precisas; no sólo en las discusiones, sino también en cualquier conversación que nos pueda resultar interesante.

Para llegar a ello puede ser conveniente tener en cuenta que si P es precisa en X, si P se usa en X en forma rígida, es decir, un elemento cumple o no cumple P, entonces la relación binaria entre los elementos del universo del discurso X,

$$x <_P y \Leftrightarrow x \text{ es menos P que } y \Leftrightarrow x \text{ muestra la propiedad P menos que } y,$$

o bien significa que x no cumple P, mientras que y la cumple, o bien, tiene que coincidir con la relación «igualmente P que». Ello es así por el hecho que, si afirmamos que un elemento, sea x o sea y, verifica P lo hace completamente, con lo cual se está afirmando que cada uno verifica P menos que el otro, es decir

$$x <_P y \;\&\; y <_P x \Leftrightarrow x =_P y.$$

En el «lenguaje» conjuntista, es $=_P = <_P \cap <_P^{-1}$, indicando por $<_P^{-1}$ la relación inversa de <: $x <_P^{-1} y \Leftrightarrow y <_P x$. Además, si P no fuese rígida sino imprecisa en X, entonces la relación cambiaría, no podría valer esa igualdad para todos los x e y, puesto que uno de ellos mostraría p menos que el otro y, de otra parte, podrán existir pares de elementos no comparables, ortogonales, bajo la relación $<_P$.

Es importante observar cuán esencial es el universo del discurso. Una palabra puede significar algo muy distinto en otro universo del discurso e, incluso, en el mismo si se emplea con otra intencionalidad. Es el caso de «joven» en el universo de una residencia de ancianos que, cuando se refiere a la edad cronológica, especifica el conjunto vacío. Pero la misma palabra con referencia al aspecto físico y la capacidad intelectual, puede especificar un conjunto no vacío de ancianos. Nótese que «joven» en el universo de los estudiantes de un instituto de bachillerato, especifica un conjunto que contiene a la mayoría de los estudiantes sino a su totalidad.

3. ¿QUÉ ES UNA MEDIDA?

Cuando en un conjunto de objetos se ha definido una relación binaria, simbólicamente $<$, cabe asignar extensión a sus elementos mediante una medida. Por ejemplo, dado un conjunto de palitos y establecida entre ellos la relación: $A < B \Leftrightarrow$ «el palito A es más corto que el palito B», lo que sucede cuando, sobrepuestos con uno de sus orígenes coincidentes, al palito B le sobra un pedazo más allá del final de A, la longitud verifica:

Si $A < B$, entonces el número «longitud de A» es menor que el número «longitud de B».

Eso es una medida. Se trata de una condición indispensable; imagínese cuán sorpresivo sería que siendo Juan menos alto que Pedro, se obtuviese que altura de Juan = 185 cm y altura de Pedro = 170 cm. Cuando los objetos «crecen» de la forma que les corresponda, que les sea natural, el número que las mide también crece. Antes de medir debe existir una relación de tipo cualitativo entre los objetos, sean estos reales o virtuales.

Por tanto, una medida compatible en un grafo $(X, <)$, es una función m que asigna a cada elemento x de X un número $m(x)$ de manera que,

$$\text{Si } p < q, \text{ entonces } m(p) \leq m(q),$$

con las dos condiciones siguientes:

a) Si z es maximal para $<$, es decir, si no existe en X ningún u tal que $z < u$, es $m(z) = 1$;

b) Si z es minimal para $<$, es decir, si no existe en X ningún v tal que $v < z$, es $m(z) = 0$.

Debe observarse que llamando equivalentes a los elementos tales que verifiquen $x < y$ e $y < x$ (simbolizado por $x\,E\,y$), entonces, al ser $m(x) \leq m(y)$ así como $m(y) \leq m(x)$, si es $x\,E\,y$, es $m(x) = m(y)$: dos objetos equivalentes para la relación $<$ miden lo mismo; metafóricamente podría decirse que si dos objetos coinciden superpuestos miden lo mismo.

También debe observarse que elementos maximales o minimales puede haberlos o no y que, de ser únicos son, respectivamente, el máximo o el mínimo del grafo. Igualmente, es importante notar que de variar el universo del discurso X, pueden variar esos elementos y que, por ello, las propiedades (a) y (b) dependen del grafo fijado.

4. ¿CABE MEDIR EL SIGNIFICADO?

4.1. El significado

Si P es una palabra predicativa, es decir, nombra una propiedad p que exhiben los elementos x de algún conjunto X, donde es manifiesta, entonces un enunciado *elemental* «x es P» indica que el elemento x muestra la propiedad p.

Naturalmente, en general esa exhibición puede ser total o parcial; por ejemplo, para la propiedad p = juventud nombrada con la palabra P = Joven, aplicada a un conjunto de personas, hace que «x es joven» pueda verificarse por completo si la edad de x es 20 años, parcialmente si es 45 años y nada si es 70 años. En cambio, si P = impar en el conjunto de los números naturales, «n es impar» es total con n = 5 y no se verifica si es n = 8.

En general, cabe considerar la relación binaria

«x es menos P que y» ⇔ x muestra p menos que y ⇔ $x <_p y$,

de la cual se acepta fácilmente que es reflexiva, es decir, verifica $x <_p x$ para todo x. Naturalmente, esa relación podrá tener minimales o maximales, es decir, elementos z para los que ningún otro t está por debajo (no hay ningún t tal que $t <_p z$) y elementos w para los que ningún otro s está por encima (no hay ningún s tal que $w <_p s$), respectivamente. De tales elementos los habrá o no los habrá.

El comportamiento primario, la acción, de P en X queda así reflejada por el grafo $(X, <_p)$. Se dice que ese grafo representa el *significado primario o cualitativo de* P *en* X.

4.2. La medida

Una medida del significado será, por tanto, una función $m_p: X \rightarrow [0, 1]$, tal que:

1) SI $x <_p y$, entonces $m_p(x) \leq m_p(y)$;

2) Si z es minimal para $<_p$, entonces $m_p(z) = 0$;

3) Si z es maximal para $<_p$, entonces $m_p(z) = 1$.

Llamaremos significado primario de un predicado P, al par $(X, <_p)$.

Por lo antes dicho, está claro que $x =_p y \Rightarrow m_p(x) = m_p(y)$ puesto que $x <_p y \Rightarrow m_p(x) \leq m_p(y)$, así como $y <_p x \Rightarrow m_p(y) \leq m_p(x)$: Elementos equivalentes según $<_p$, es decir, del mismo significado primario, miden lo mismo.

Esos tres axiomas o propiedades básicas, ¿bastan para individuar, caracterizar de forma unívoca, una medida? No, en general. Un ejemplo muy simple es el de la palabra «pequeño» en el intervalo [0, 10]. Como sea que, sin duda, es:

$$x <_{\text{pequeño}} y \Leftrightarrow x \leq^{-1} y \Leftrightarrow y \leq x,$$

el significado primario de «pequeño» en [0, 10] se representa por el grafo ([0, 10], $\leq^{-1}$).

Con ello, las medidas son las funciones m:[0, 10] →[0, 1], tales que:

1) $x <_{\text{pequeño}} y \rightarrow m(y) \leq m(x)$,

2) m (0) = 1; 3) m (10) = 0.

Es decir, son la multitud de funciones decrecientes que valen uno en x = 0 y cero en x = 10. Hay muchísimas de ellas y para especificar una se requiere más información acerca del «comportamiento de pequeño» en [0, 10].

Así, por ejemplo, de saber que m es lineal, m (x) = ax + b, los datos anteriores facilitan las dos ecuaciones,

$$m(10) = 0 = 10a + b, \ m(0) = 1 = b$$

y con ello, se obtiene a = -1/10 y resulta m (x) = -x/10 + 1. Sin embargo, si se sabe que m es cuadrática, m (x) = $ax^2 + bx + c$, las dos ecuaciones

$$1 = c, \ 100a + 10b + c = 0,$$

no permiten encontrar los tres parámetros a, b y c; falta información. De saberse, por ejemplo, que como pequeño 6 mide 0.7, entonces se tendría la nueva ecuación, 0.7 = 36a + 6b + c que, con la otra, permite encontrar a y b; con ello se tendrá una medida cuadrática. Así como medidas lineales no hay más que una, la 1 – x/10, hay muchas medidas cuadráticas; de entre ellas, lo es $(1 - x/10)^2 = x^2/100 - x/5 + 1$.

4.3. El diseño de la medida

Si no se dispone de más información, ¿qué se hace? Suele haberla, pero en caso contrario el diseñador del sistema, le añade una hipótesis razonable para el problema. Así, en ese ejemplo, podría inclinarse por la medida más simple, la lineal.

En todo caso y como se ha dicho, se acepta que el grafo (X, $<_p$) representa el *significado primario, cualitativo,* de P en X y que la magnitud escalar (X, $<_p$, m_p) representa el *significado final, cuantitativo* de P en X.

Es evidente que, una vez fijado un significado primario, el significado final no es único: la palabra se nos puede presentar en diversos estados dados, cada uno, por una medida que, en cada caso, refleja la *extensión* de P en X. Así, por ejemplo, la extensión de 7 como «grande» es 0.7 bajo la medida lineal x/10, y es 0.07 bajo la medida cuadrática $x^2/100$. Unas medidas que *mutatis mutandis* pueden explicitarse en forma análoga a las de «pequeño»; así, la primera es la lineal ax + b con las dos condiciones 0 = a0 + b = b, 1 = a.1 + b = a + 0 = a.

El significado, tanto el cualitativo como el cuantitativo, no es absoluto, sino relativo al contexto del uso en X de la palabra P; ambos son conceptos de tipo *situacional*.

5. ¿QUÉ ES UN CONJUNTO BORROSO?

5.1. La relación que se deduce de la medida

Con lo que no es sino un cambio de nombre, diremos que el grafo $(X, <_p)$ es el *conjunto borroso que la palabra* P *especifica en* X. Suele decirse que P es la *etiqueta lingüística* del conjunto borroso que, por lo antes mencionado, se observará en estados diversos, cada uno dado por una medida diferente del significado de P en X, su extensión.

Debe notarse, a este respecto, que cada medida m_p define la nueva relación:

$$x <_{med} y \Leftrightarrow m_p(x) \leq m_p(y),$$

que es lineal y traslada a los elementos de X el orden del intervalo unidad donde tiene su imagen m_p. Algo que no sucede con la relación primaria $<_p$ para la cual fácilmente puede haber elementos *ortogonales*, es decir, no comparables, pares de elementos x e y para los cuales ni es $x <_p y$, ni $y <_p x$. Sin embargo, como

$$\text{Si } x <_p y, \text{ entonces: } m_p(x) \leq m_p(y) \Leftrightarrow x <_{med} y,$$

es $<_p \subseteq <_{med}$, la relación dada por la medida contiene a la primaria, es mayor: Al medir crece la relación entre los pares de elementos.

Cabe decir que el grafo cualitativo $(X, <_p)$ = **P** está contenido en el grafo cuantitativo $(X, <_{med})$ = $\mathbf{P}^{med}$ que, además, suele llamarse un *conjunto borroso de trabajo* ya que en las aplicaciones, quienes diseñan y manejan los conjuntos borrosos deben, y se limitan a, trabajar con las medidas; básicamente, los «ven» en un estado numérico determinado y a las medidas las llaman *funciones de pertenencia de los elementos de X al conjunto borroso con etiqueta lingüística* P y del cual se dice que es un conjunto borroso en el universo X del discurso.

Nótese que un conjunto borroso no es sino una entidad lingüística, creada por las personas en el lenguaje; no se trata, por tanto, de una entidad matemática, el grafo no es sino una representación matemática de una entidad empírica. Es una de sus posibles domesticaciones; estamos siguiendo un proceso de «matemática aplicada».

5.2. La relación que se deduce de la medida en predicados binarios

Veamos qué sucede cuando la propiedad p es binaria y, por consiguiente, la palabra P es rígida o precisa, se comporta rígidamente, precisamente, en X. Está claro que, en ese caso, la relación $<_p$ se reduce a la $=_p$, «igualmente P»; como sea que es $=_p \; = \; <_p \cap <_p^{-1}$ resulta $<_p \subseteq <_p^{-1}$, implicando que si x está unido con y por un arco de la relación, del grafo, también lo está y con x. Nótese que,

$$x =_p y \Leftrightarrow x <_p y \;\&\; y <_p x \Rightarrow m_p(x) \leq m_p(y) \;\&\; m_p(y) \leq m_p(x) \Leftrightarrow m_p(x) = m_p(y),$$

con ello, todos los pares ligados por arcos de ida y vuelta, tienen la misma medida la cual, al verificar cada elemento bien totalmente o bien en absoluto la propiedad p, ese valor común será

1 o 0, respectivamente. Con ello, la magnitud escalar $(X, =_p, m_p)$ explicita en X un conjunto borroso, y en este caso también conjunto en sentido clásico, que se reduce al clásico, el $m_p^{-1}(1)$.

Por tanto, en general un conjunto borroso no es un conjunto, pero todo conjunto sí es un conjunto borroso. Los conjuntos clásicos o rígidos, pueden verse como conjuntos borrosos degenerados que quedan completamente especificados por una única función de pertenencia que, en ese caso y por ello, se llama la función *característica* del conjunto.

Empleándose en el lenguaje muchas más palabras imprecisas que precisas, en su representación matemática pueden, por tanto, considerarse muchos más conjuntos borrosos que nítidos: el apelativo «borroso» afecta a mucho más que el «nítido». *Los conjuntos borrosos casi nunca son conjuntos en sentido clásico*; es un nombre que se podría haber evitado y que si, ya acuñado, perdura, es por una razón histórica, pero que podría ser fácilmente sustituido por *significado,* aunque fuese añadiéndole, eventualmente, *cuantitativo.*

5. 3. Notas sobre conjuntos borrosos y clásicos

Un comentario es pertinente respecto de cómo se ha llegado a generar tanto la idea de «conjunto nítido», como la de «conjunto borroso». El primero parte de la experiencia física común que, luego, es nombrada por el lenguaje, el segundo proviene directamente del mismo lenguaje y de experiencias perceptivas, virtuales con frecuencia.

Así, un conjunto de manzanas proviene de abstraer el cesto en el cual se han colocado, una abstracción continuada para caracterizar un conjunto por sus elementos y en la forma

$$A = B \Leftrightarrow \text{Si } x \in A, \text{ entonces } x \in B, \text{ y si } y \in B, \text{ entonces } y \in A.$$

El signo $\in$ es esencial para especificar un conjunto; de hecho, ese signo y sus propiedades bastan para construir la teoría de conjuntos nítidos llamada «ingenua»; una teoría en la que el axioma de especificación, «Toda propiedad binaria p de los elementos de un conjunto X especifica un conjunto **P** en él», no sólo relaciona los conjuntos con el lenguaje sino que permite muchas de sus aplicaciones.

Por su parte y por ejemplo, el conjunto borroso de los «jóvenes londinenses» proviene de un distinto tipo de percepción; aquella a través de la cual podemos establecer que hay londinenses menos jóvenes que otros y que algunos son los más jóvenes y otros los menos jóvenes de todos ellos. Algo que, por decirlo así, no es una percepción que se toque como se tocan las manzanas; es algo virtual, lo cual no significa en lo más mínimo que sea inútil. Para ello basta averiguar las múltiples aplicaciones de la teoría de los conjuntos borrosos que están incorporadas a muchos productos del mercado tecnológico actual.

Por otra parte, es esa relación tan directa con el lenguaje sobre lo virtual, el hecho de que un conjunto borroso no sea otra cosa que el significado de la palabra que es su etiqueta lingüística, la que hace que hasta la simbología usada en su representación se acerque a la de la lógica y se aparte de la de los conjuntos y, así, el complemento de **P** se escribe **P'** en lugar de $\mathbf{P}^c$, la reunión se escriba **P** + **Q,** en lugar de $\mathbf{P} \cup \mathbf{Q}$**,** etc.

5.4. Conjuntos borrosos discretos

Aunque los conjuntos nítidos puedan verse como caso particular e incluso degenerado de los borrosos, éstos a su vez pueden verse como subconjuntos borrosos del conjunto nítido X, el universo del discurso. Conjunto borroso en X quiere decir, en realidad, subconjunto borroso de X. Los conjuntos borrosos se soportan en conjuntos nítidos y, por eso cabe aplicar las matemáticas a su estudio. Como existe el conjunto de las partes de X, el conjunto de sus subconjuntos, existe el conjunto de las partes borrosas de X, sus subconjuntos borrosos. El primero coincide con el conjunto de las funciones características $\{0, 1\}^X$ y cabe identificar el segundo con el de las funciones de pertenencia o medidas del significado $[0, 1]^X$ que se considerará conjunto «borroso de trabajo».

Cuando el universo del discurso, el conjunto nítido que soporta a los borrosos, es finito con n elementos, $X = \{x_1, x_2, \dots, x_n\}$, entonces las funciones de pertenencia a los conjuntos borrosos en X, las medidas del significado de las palabras imprecisas actuando en X, m_P, suelen escribirse en la forma abreviada, pero sugerente,

$$m_P = r_1/x_1 + r_2/x_2 + \dots + r_n/x_n, \text{ con } r_k = m_P(x_k),\ 1 \leq k \leq n.$$

Así, por ejemplo, si X = {a, b, c, d, e}, un subconjunto clásico de X es el A = 1/a + 0/b + 1/c + 0/d + 0/e = {a, c}, un conjunto borroso en X es, por ejemplo, uno con la función de pertenencia

$$0/a + 0.7/b + 0.9/c + 0.7/d + 0/e,$$

el cual y tal vez proviene de la etiqueta lingüística «cerca de c». Con frecuencia y al igual que el anterior subconjunto nítido A se escribe {a, c}, con sólo los elementos que contiene, en los borrosos se omiten aquellos elementos con medida 0; así la anterior función de pertenencia se escribe, más simplemente, 0.7/b + 0.9/c + 0.7/d, omitiendo los «sumandos» 0/a y 0/e.

5.5. Conjuntos clásicos

Con respecto a la relación de los elementos x del universo del discurso con un conjunto clásico **P**, sólo puede darse una de las dos posibilidades: Bien x pertenece a **P** ($x \in$ **P**) o bien x no pertenece a **P** ($x \notin$ **P**), según sea, respectivamente, 1 o 0 el valor de la medida. En este sentido, el símbolo $\in$ de pertenencia, permite construir o, por lo menos, pensar, poder concebir los conjuntos rígidos. ¿Tiene esto explicación desde la teoría de conjuntos borrosos?

Al ser $x \in \mathbf{P} \Leftrightarrow x \in_1 \mathbf{P} \Leftrightarrow m_P(x) = 1$, cabe definir $x \in_t \mathbf{P} \Leftrightarrow m_P(x) = t$. Se cambia el símbolo $\in$ por la colección de símbolos $\{\in_t;\ t \in [0, 1]\}$.

Sin embargo, si bien con conjuntos rígidos $x \notin \mathbf{P}$ equivale a $x \in \mathbf{P}^c$, o dicho de otro modo, $x \in_0 \mathbf{P}$, es decir, si la medida o función de pertenencia al conjunto clásico complementario, que es el especificado por la negación de P, puede escribirse como $m_{no\,P}(x) = 1 - m_P(x)$, ¿Qué es, en el caso más general, el complemento de un conjunto borroso?

6. NEGACIÓN LINGÜÍSTICA Y COMPLEMENTO: REPRESENTACIÓN MATEMÁTICA.

6.1. Negación

En primer lugar y aceptando que $x <_P y \Rightarrow y <_{P'} x$, es decir, que $<_{P'} = <_P^{-1}$, con P' = no-P, está claro que el grafo correspondiente al complemento de **P**, el conjunto borroso de etiqueta lingüística no-P, está contenido en su grafo invertido. En segundo lugar y por lo que respecta a su función de pertenencia, ésta tendrá con la de **P** una relación que dependerá de su carácter. Algo que requiere una explicación.

La negación no-P es una palabra, la decimos, pero no es un término lingüístico en sí mismo: P está en el diccionario, pero no-P no está en él. Por ejemplo, P = joven está y también está su antónimo P^a = viejo, pero no está su negación P' = no joven. Si P es el nombre de una propiedad p, no-P indica la carencia de p (x es P' indica que x no muestra p); la negación excluye. Además, y respecto de cualquier relación condicional de inferencia, la negación puede ser, en cada x de X, de cuatro tipos distintos según exista o no la doble negación (P')' = P'' = no (no-P):

1) Si no existe P'' o de existir ni es «Si P, entonces no-(no-P)», ni tampoco «Si no-(no-P), entonces P», se dice que la negación es *salvaje en aquellos elementos en que eso ocurra.*

2) Si existe P'', entonces:

2.1. De ser «Si P, entonces no-(no-P)», se dice que la negación es *débil en aquellos elementos en que eso ocurra.*

2.2. De ser «Si P'', entonces P», se dice que la negación es *intuicionista en aquellos elementos en que eso ocurra.*

2.3. De ser la negación a la vez débil e intuicionista, se dice que es *fuerte en aquellos elementos en que eso ocurra* P y P'' son equivalentes.

6.2. Función de negación aplicada a la función de pertenencia

Con esta clasificación, la función de pertenencia al conjunto borroso de etiqueta lingüística no-P, el complemento de **P**, podrá expresarse por medio de una familia de funciones $N_x: [0, 1] \rightarrow [0, 1]$, para cada x de X, de tal manera que sea $m_{P'}(x) = N_x(m_P(x))$, sometida a las tres condiciones:

a) Todas son decrecientes;

b) $N_x(0)=1$;

c) $N_x(1) = 0$.

Además, y dependiendo de si su carácter es débil o intuicionista en cada x, bien será $x \leq N_x(N_x(x))$, o bien $N_x(N_x(x)) \leq x$. Obviamente, si es fuerte en x, entonces será $x = N_x(N_x(x))$.

Puede ser que todas las funciones N_x coincidan en una única función de negación o que ello sea así en algunos subconjuntos de X.

Veamos un ejemplo en el universo [0, 10] con el conjunto borroso de los números pequeños, caracterizado por el grafo antes citado, la función de pertenencia lineal $m_{peq}(x) = 1 - x/10$ y bajo la hipótesis que la función de negación es $N(a) = 1 - a$, en el sub-intervalo [0, 5), y $N(a) = 1 - a^2$ en el [5, 10]. Es decir,

$$m_{no\ peq}(x) = 1 - (1 - x/10) = x/10, \text{ sí } x \in [0, 5)$$

$$m_{no\ peq}(x) = 1 - (1 - x/10)^2 = -x^2/100 + x/5, \text{ si } x \in [5, 10].$$

Nótese que con esa negación a $x = 0$ corresponde el valor 0, a $x = 5$ el valor ¾, y a $x = 10$ el valor 1; por ello, cabe identificar no-pequeño con grande. También debe observarse que $1 - (1 - a)$ es a, por lo que la función de negación $1 - a$ refleja una negación fuerte, en tanto que la $1 - a^2$ verifica $1 - (1 - a^2)^2 = a^2(2 - a^2)$ que en a = 0. 1 vale 0.019 y en a = 0.9 vale 0. 9639, es decir, siempre vale menos que a y, por tanto, refleja una negación salvaje.

Otra función de negación fuerte es la $N(a) = \sqrt{(1 - a^2)}$, ya que $N(N(a)) = \sqrt{(1 - N(a)^2)} = \sqrt{(1 - (1 - a^2))} = a$. Tanto ésta, como la negación $1 - a$ forman parte de la 'familia' de negaciones fuertes $N_\lambda(a) = (1 - a^\lambda)^{1/\lambda}$, con λ un número real positivo y correspondiendo la primera a $\lambda = 2$ y la segunda a $\lambda = 1$.

Disponer de familias de funciones de negación dependientes de un parámetro, como la anterior depende de λ, es útil ya que de saber, por ejemplo, que en a = 0.5 la función de negación debe valer ¼ , entonces la ecuación $\frac{1}{4} = (1 - 1/4^\lambda)^{1/\lambda} \Leftrightarrow 2/4^\lambda = 1 \Leftrightarrow 2 = 4^\lambda \Leftrightarrow \log 2 = \lambda \log 4 \Leftrightarrow \lambda = \log 2/\log 4 = \frac{1}{2}$, facilita la función de negación $N(a) = (1 - \sqrt{a})^2 = 1 + a - 2\sqrt{a}$.

Otra familia de funciones de negación fuerte es la dada por

$$N_k(x) = (1 - x)/(1 - kx), \text{ con } k > -1,$$

conocida por «familia de Sugeno». En realidad, todas las funciones de negación fuerte están caracterizadas por el siguiente teorema, cuya prueba se omite:

N es una función de negación fuerte si y solo si existe un automorfismo de orden f del intervalo unidad, tal que $N(x) = f^{-1}(1 - f(x))$. Recuérdese que f será una función $[0, 1] \rightarrow [0, 1]$, estrictamente creciente (y, por tanto, continua) tal que $f(0) = 0$ y $f(1) = 1$.

Las funciones N resultan de deformar la función $1 - x$ con el automorfismo f.

Obsérvese, para acabar este apartado, que entre la gran multitud de funciones de negación que existen, para representar la negación de cada palabra se debe encontrar la más adecuada a la situación contextual que corresponda. Es decir, que tanto la función de pertenencia a **P**, como la de negación que permita encontrar la de su complemento, deben diseñarse de la forma más cuidadosa posible.

7. ¿DISEÑAR LOS CONJUNTOS BORROSOS?

7.1. Problema del significado

Antes de proseguir, convienen unas palabras acerca de la idea de «diseñar» cuánto interviene y qué acerca la teoría de los conjuntos borrosos a un arte de ingeniería más que a uno puramente científico.

Se trata de una consecuencia del hecho de que no se consideran las cosas sino las palabras con las que estas se nombran y las frases con las que se describen las relaciones entre ellas y también entre ellas y la naturaleza, los animales y las personas. Unas frases con las que se describe una situación concreta que tendrá sus antecedentes.

En todo ello es básico tener en cuenta la situación en la que las cosas se presentan y desarrollan, el contexto que las envuelve y las propiedades que todo ello les permite y las que no les permite a las palabras y las frases. Por ejemplo, la frase

«Elena subió por la escalera hipando y corriendo, entró en el camarote, resbaló, cayó y lloró»,

describe una acción que la palabra «camarote» permite suponer se desarrolla entre dos cubiertas de un buque y que, leída sin más información, lleva a preguntarse qué le habrá sucedido a Elena para subir a la siguiente cubierta (si éste es el caso) corriendo e hipando, así como a suponer que «resbaló, cayó y lloró» sucedieron exactamente en ese orden puesto que no es lo mismo que si, por ejemplo, el orden real fuese «lloró, resbaló y cayó», en cuyo casó el significado de la frase podría ser distinto.

7.2. Elección de operadores que capturen los significados

Lo que describe una frase está condicionado por aspectos que, de ese estilo, permiten captar su significado. Por ello, tratar de representarla matemáticamente por medio de funciones de pertenencia, de conjuntos borrosos dando el significado de las palabras que constituyen la frase, es relevante para conocer el significado de toda la frase y, por lo tanto, lo es en el ejemplo saber la razón por el estado en que se encuentra Elena, así como las propiedades de la conjunción que está implícita en «resbaló, cayó y lloró» como son las conmutativa y asociativa.

En conclusión, antes de intentar representar una frase se debe conocer cuanto más sea posible acerca de su significado y no sólo del universo del discurso que sea, sino de su contexto, de cuanto la rodea.

Diseñarla quiere decir que los operadores matemáticos que se elijan deben contar con propiedades adecuadas; por ejemplo, si se llega a la conclusión de que «lloró y lloró» no equivale a «lloró» entonces esa conjunción lingüística «y» no podría representarse por el operador mínimo como se hace en muchas lógicas polivalentes, ya que min (x, x) = x, tal vez por el producto ya que $x^2 < x$; si no fuese conmutativa tampoco podría representarse por ese operador ya que es min (x, y) = min (y, x), ni tampoco por el producto también conmutativo. Se trata de algo que podría resolverse de considerar el operador

$$x * y = \min (x^n, y^m) \text{ con } 1 < n < m,$$

que verifica no ser idempotente $x * x = x^n \neq x$, ni conmutativo $x * y = \min (x^n, y^m) \neq \min (y^n, x^m) = y * x$.

Un operador que, antes de usarlo en una representación, deberá chequearse su adecuación al problema en cuestión y que podrá adoptarse en caso afirmativo y tras especificar n y m.

7.3. Ejemplos de significados: y, o y negación

En todo eso consiste diseñar una representación; es un proceso de prueba y error para seleccionar las funciones y los operadores que deban manejarse a partir de escribir la frase a representar por una protoforma de la misma y de conocer su significado, el contexto de uso y la situación a la cual se refiere.

Veamos un ejemplo a partir de una protoforma. La frase o enunciado,

«x es pequeña, y es grande o (x . y) no es grande»,

Puede simbolizarse mediante la protoforma

$$(p (x) \cdot g (y)) + (g (x . y))',$$

donde p indica pequeño, g grande, (·) es «y», (+) es «o» y (') es «no». Esa protoforma puede representarse con operadores T para la conjunción, S para la disyunción y N para la negación, mediante la fórmula:

$$S (T (m_{peq} (x), m_{gra} (y)), N (m_{gra} (x . y))),$$

que, tan pronto se elijan adecuadas funciones m_{peq}, m_{gra}, T, S y N, permitirá calcular.

Así de ser el universo del discurso el intervalo unidad [0, 1], las medidas lineales $m_{gra} (x) = x$, $m_{peq} (x) = 1 - x$, S = max, T = min y N = 1 – Id, se obtiene la fórmula

$$\max (\min (1 - x, y), 1 - xy) \ [1]$$

que, de elegirse T = producto y $N (a) = \sqrt{(1 - x^2)}$, cambiaría a la fórmula distinta

$$\max ((1 - x)y, \sqrt{(1 - x^2y^2)}), \ [2]$$

lo que hace ver la importancia de, por ejemplo, decidir entre los operadores min y prod para la función de conjunción lingüística T, así como una de las dos funciones de negación citadas. Así, por ejemplo, con el par de valores x = 0, y = 0.5, [1] arroja el valor 1, en tanto que [2] da el 0.5, la mitad del otro; la diferencia de valores es, pues, significativa. Es relevante la especificación de todas funciones, el diseño debe ser cuidadoso; de no acertar en la elección de una sola de aquellas funciones puede suceder que se plantee un problema distinto al que esté en curso.

7.4. Comentarios sobre la esencia de los modelos de significado

La representación funcional de las palabras y las frases significa un progreso semejante al de sólo observar el corazón con una trompetilla o incluso un estetoscopio, a hacerlo con rayos X y con un electrocardiograma. Es como el paso de ver el mundo físico a ojo desnudo, a verlo con microscopios, telescopios y el modelo matemático de la teoría de Einstein.

En todo caso, las expresiones funcionales que especifican las frases del lenguaje se utilizan para calcular; quienes aplican a problemas reales la teoría de los conjuntos borrosos, deben hacerlo empleando, básicamente, las funciones de pertenencia y para no tener resultados numéricos incompatibles con la realidad, deben especificar las palabras y los enunciados, las frases, con el mayor cuidado. Son sistemas que deben diseñarse cuidadosamente y de acuerdo con su significado primario en el universo, situación y contexto que corresponda. El esfuerzo en captar bien el significado cualitativo primario no es baldío.

Nótese que todo ello confiere a cuanto se está explicando, la llamada Lógica Borrosa, un carácter que, realmente, va lejos de la lógica la cual, puede decirse, se queda en la protoforma y, lo que sigue a continuación, se acerca a un arte empírico y de la ingeniería más que a uno puramente matemático o filosófico, en el cual se requiere no sólo cuanta información sea posible adquirir acerca del comportamiento del enunciado o frase, sino una notable habilidad práctica para pasar de la protoforma a especificar una fórmula, a diseñarla.

Por otra parte, y en general, la llamada Navaja de Ockham (siglo XIV: No introducir más entidades que las estrictamente necesarias), acompañada de la adenda de Menger (siglo XX: Ni menos de las suficientes para poder llegar a resultados significativos), aconsejan, en palabras de Albert Einstein, especificar cuánto sea necesario de la manera más simple posible, pero no más simple aún.

7.5. Ejemplo final sobre errores en el diseño

Para acabar esta sección 7, veamos un ejemplo muy simple con una palabra P, en el intervalo unidad, de la que se conoce que su medida en el mismo es $m_P (x) = x^3$. Entonces, si el diseñador y por la razón que sea, especifica la medida por la función más simple $m^*_P (x) = x$, el valor calculado de la medida en el punto $x = 0.5$ será 0.5, en tanto que el valor real es $0.5^3 = 0.125$; es decir, se tendrá un desvío en más de de 0.37 del valor real lo que, en algún caso, puede llevar a cálculos que no se ajusten a la realidad, a prever mal el comportamiento del sistema que se esté estudiando. Como conclusión, los diseños deben hacerse con funciones que sean lo más simple posible, pero de ninguna manera más simples aún.

8. REPRESENTACIÓN MATEMÁTICA DE LA CONJUNCIÓN LINGÜÍSTICA. INTERSECCIÓN.

En lo acabado de explicar en la subsección 7.3 se hizo la hipótesis que

$$T(m_P(x), m_Q(y)),$$

es la función de pertenencia del enunciado o frase lingüística

«x es P» e «y es Q», con protoforma $P(x) \cdot Q(y)$,

supuesto que P y Q sean medibles en el universo X. Ello equivale a suponer que no sólo existen los conjuntos borrosos **P** y **Q** en X, sino también sendos conjuntos borrosos de trabajo $\mathbf{P}^{med}$ y $\mathbf{Q}^{med}$.

Hasta aquí todo es aceptable, pero ni está claro qué propiedades cabe exigir a la función T: $[0, 1] \times [0, 1] \rightarrow [0, 1]$, ni mucho menos cuál es el grafo que define el conjunto borroso de etiqueta lingüística «P y Q», la intersección de los **P** y **Q**. A ello se dedica la que sigue.

8.1. El orden que debe seguir la conjunción

El grafo de «P y Q» estará en X x X, el producto cartesiano de los universos del discurso y la relación que lo genera es:

(x, y) es menos «P y Q» que (x', y') ⇔ x es menos P que x' & y es menos Q que y' ⇔ $x <_P x'$ & $y <_Q y'$ ⇔ $(x, y) <_{P\,y\,Q} (x', y')$,

es decir, $<_{P\,y\,Q} = <_P \times <_Q$. Con ello, cualquier medida, $m_{P\,y\,Q}$ del significado de «P y Q», deberá ser una función $X \times X \rightarrow [0, 1]$ tal que: $(x, y) <_{P\,y\,Q} (x', y') \Leftrightarrow x <_P x'$ & $y <_Q y' \Rightarrow m_P(x) \leq m_Q(x')$ & $m_P(y) \leq m_Q(y')$.

Con ello y en la hipótesis que la medida sea funcionalmente expresable por las dos medidas, basta disponer de una función T con la propiedad de «isotonía», $a \leq b \Rightarrow T(a, c) \leq T(b, c)$ para todo c, para que

$$(x, y) <_{P\,y\,Q} (x', y') \Rightarrow T(m_P(x), m_Q(x')) \leq T(m_P(y), m_Q(y')) \Leftrightarrow m_{PyQ}(x,y) \leq m_{PyQ}(x',y').$$

Por lo que respecta al valor que tomen los minimales y los maximales del grafo producto, basta aceptar que si (u, v) es maximal en ese grafo entonces u lo es en el de P y v en el de Q, en tanto que si (u, v) es minimal, por lo menos uno de los u o v lo será en el grafo correspondiente, así como que T satisface las leyes: $T(0, b) = T(a, 0) = 0$, $T(1, 1) = 1$, es decir, que 0 es absorbente y 1 es idempotente para T.

Con ello, si (u, v) es minimal entonces u, o v, lo son en el correspondiente grafo; por tanto y por ejemplo, será $m_{P\,y\,Q}(u, v) = T(0, m_Q(v)) = 0$. Si (u, v) es maximal lo son u y v, con lo cual: $m_{P\,y\,Q}(u, v) = T(1, 1) = 1$.

8.2. La medida de la conjunción

De esta manera se obtiene una magnitud escalar (X x X, $<_{P\,y\,Q}$, $m_{P\,y\,Q}$) indicando que si P y Q son medibles en X, también la conjunción «P y Q» es medible en X x X; que la conjunción lingüística hereda la medibilidad. Es decir, que los conjuntos borrosos **P** y **Q** tienen «intersección » **P** ∩ **Q** en X x X, así como la tienen los de trabajo $\mathbf{P}^{med}$ y $\mathbf{Q}^{med}$.

Debe notarse que la operación T verifica las propiedades T (1, b) = b y T (a, 1) = a (que conllevan la T(1, 1) = 1) y está acotada, como mucho, por la operación «mínimo» (min).

En efecto, siendo T (a, b) ≤ T (a, 1) = a, T (a, b) ≤ T (1, b) = b, obviamente es T (a, b) ≤ min (a, b); es decir, T ≤ min, como es, por ejemplo T = producto (prod) y sin que ello signifique que toda operación menor que min pueda ser tomada para representar la conjunción a menos que sea isótona, con neutro 1 y absorbente 0. Nótese además que nada se ha supuesto con relación a la conmutatividad o la asociatividad de T, por más que min (y también prod) sean conmutativas y asociativas.

8.3. La medida de la conjunción debe mantener la relación de inferencia entre enunciados.

Por otra parte, cualquier operación T que se elija para componer las medidas y obtener una de la conjunción, debe ser coherente con las propiedades que ésta, la conjunción lingüística, mantiene con la relación de inferencia de enunciados, p < q ⇔ Si p, entonces q.

Tales propiedades, o leyes de la conjunción (·) son:

$$p \cdot q < p, \text{ y } p \cdot q < q.$$

A su propio nivel T las traduce gracias a la desigualdad T ≤ min. En efecto,

$$T(a, b) \leq \min(a, b) \leq a, \text{ y } T(a, b) \leq \min(a, b) \leq b.$$

9. REPRESENTACIÓN MATEMÁTICA DE LA DISYUNCIÓN LINGÜÍSTICA. REUNIÓN.

9.1. El grafo de la disyunción

Con un camino paralelo al seguido en el apartado anterior con la conjunción lingüística y abreviando, cuando convenga, la disyunción lingüística «o» por el símbolo «cruz» (+) y la conjunción por el símbolo «punto» (·), es evidente que la definición:

«x es P» o «x es Q» $\Leftrightarrow$ «x es P o Q»,

trasladando la disyunción entre enunciados a la disyunción entre palabras y suponiendo que ambas palabras P y Q actúan en el mismo universo X, permite suponer que la relación «menos P o Q que» está ligada con las dos «menos P que» y «menos Q que», de la forma:

$<_P U <_Q \subseteq <_{P+Q} \subseteq$ Menor relación entre X e Y conteniendo $<_P$ y $<_Q$,

siendo, la última, una relación que, llamada «suma directa» de las dos y simbolizada por $<_P \Theta <_Q$, permite escribir

$$<_P \cap <_Q \subseteq <_P U <_Q \subseteq <_{P+Q} \subseteq <_P \Theta <_Q.$$

Hay que observar que la relación $<_P \Theta <_Q$, es la que resulta de ampliar la reunión de los arcos de cada una de las dos relaciones con los arcos que falten uniendo elementos donde acabe un arco con otros donde también llegue un arco. Es decir, la menor relación que completa de forma coherente a las dos: $<_P$ y $<_Q$.

9.2. La medida de la disyunción

Con ello, las medidas del significado de «P o Q», m_{P+Q}, de los enunciados «x es P o Q», podrán ser, supuesto que sean funcionalmente expresables, del tipo $S(m_P(x), m_Q(x)) = m_{P+Q}(x)$. ¿Qué propiedades debe tener una tal operación S: [0, 1] x [0, 1] →[0, 1]? Veámoslo en la hipótesis simplificadora $<_P U <_Q = <_{P+Q}$.

Sea una operación S: [0, 1] x [0, 1] →[0, 1], creciente en sus dos variables y tal que S (a, 1) = S (1, a) = 1, S (a, 0) = S (0, a) = a, es decir, S es creciente con 1 absorbente y 0 neutro. La definición

$$m_{P+Q}(x) = S(m_P(x), m_Q(y)), \text{ para todo } x \in X,$$

facilita una medida del significado de P o Q (P + Q). En efecto,

- $(x, y) \in <_{P+Q} \Leftrightarrow (x, y) \in <_P U <_Q \Leftrightarrow x <_P y$, o $x <_Q y \Rightarrow m_P(x) \leq m_P(y)$, o $m_Q(x) \leq m_Q(y) \Rightarrow S(m_P(x), m_Q(x)) \leq S(m_P(y), m_Q(y)) \Leftrightarrow m_{P+Q}(x) \leq m_{P+Q}(y)$.

- Si z es maximal (minimal) en el grafo de $<_{P+Q}$, por lo menos lo será, respectivamente, en uno de los $<_P$ y $<_Q$ (en los dos). En el primer caso, será $m_{P+Q}(z) = S(1, m_Q(z)) = 1$, o $= S(m_P(z), 1) = 1$; análogamente, en el segundo será $m_{P+Q}(z) = S(0, 0) = 0$.

9.3. Los operadores que definan la disyunción son mayores que el máximo

Como sea que:

$$a = S(0, b) \leq S(a, b) \text{ y } b = S(a, 0) \leq S(a, b) \Rightarrow \max(a, b) \leq S(a, b),$$

es decir, max ≤ S, la menor de las posibles operaciones S es la operación máximo (max).

Con ello, cualesquiera que sean las operaciones T y S, siempre será T ≤ min ≤ max ≤ S; en particular será

$$T < S\ (T \leq S \text{ y } T \neq S) \text{ ya que min no coincide con max en todos los pares de valores.}$$

Nótese que una forma de obtener operaciones S a partir de las T es por medio de la fórmula S = N o T o (N x N), siendo N una función de negación fuerte. En efecto,

1) Si $a \leq b$ y $c \leq d$, es $N(b) \leq N(a)$ y $N(d) \leq N(c) \Rightarrow T(N(b), N(d)) \leq T(N(a), N(c)) \Rightarrow N(T(N(a), N(c))) \leq N(T(N(b), N(d))) \Leftrightarrow S(a, c) \leq S(b, d)$.

2) $S(a, 0) = N(T(N(a), N(0))) = N(T(N(a), 1)) = N(N(a)) = a$. Idem con $S(0, b) = b$.

3) $S(1, b) = N(T(N(1), N(b))) = N(T(0, N(b)) = N(0) = 1$, Idem con $S(a, 1) = 1$.

Se trata de una fórmula que preserva para S, obviamente, el carácter creciente de T. Es más, dada una operación S, entonces N o S o (N x N) es una operación T; la prueba es análoga a la anterior.

9.4. Propiedades que pueden o no cumplir los operadores de conjunción y disyunción

Aunque las operaciones min y max son conmutativas y asociativas, ello no implica que lo sean todas las operaciones T y S. Por ejemplo, no lo es la operación $a * b = a.\sqrt{b}$ que, no obstante, es una operación T y, por lo tanto, hábil para representar una conjunción lingüística:

- $b * a = b \cdot \sqrt{a} = a \cdot \sqrt{b} = a * b \Leftrightarrow b = a$;

- $a * (b * c) = a * (b. \sqrt{c}) = a. \sqrt{(b. \sqrt{c})}$, pero $(a * b) * c = (a * b). \sqrt{c} = (a . \sqrt{b}). \sqrt{c} = a\sqrt{b}\sqrt{c}$, dos expresiones cuya igualdad equivale a $\sqrt{\sqrt{c}} = \sqrt{c} \Leftrightarrow c = 1$ o $c = 0$.

Es decir, la operación * no es conmutativa ni asociativa.

Mucho menos sucede que siendo min y max distributivas la una respecto a la otra, lo sean todas las T y S; por ejemplo, con T = prod y S = max, es

$$S(0.1, T(0.3, 0.6))) = \max(0.1, 0.18) = 0.18,$$

pero

$$T(S(0.1, 0.3), S(0.1, 0.6)) = 0.03.\ 0.06 = 0.0018.$$

De hecho, cabe probar fácilmente los dos teoremas:

1) T (a, S (b, c)) = S (T (a, b), T a, c)) ⇔ S = max

2) S (a, T (b, c)) = T (S (a, b), S (a, c)) ⇔ T = min,

reflejando que, con funciones en $[0, 1]^{[0, 1]}$,valen las equivalencias:

1*) f · (g + h) = f · g + f · h ⇔ + = max

2*) f + (g · h) = (f + g) · (f + h) ⇔ · = min,

que pueden probarse sin siquiera la hipótesis que las operaciones (+) y (·) sean funcionalmente expresables. No es difícil probar directamente todas esas igualdades.

Así y en cuanto a (1) y (2), bastará probar una de ellas, la (1): Con b = c = 1, es a = S (a, a) para todo a de [0, 1], lo cual implica S = max. El recíproco es evidente.

En cuanto a las (1*) y (2*), basta g = h = f_1 (la función constantemente igual a 1), para tener f = f + f => + = max en la primera de ellas. El recíproco es evidente.

9.5. Comentario sobre la medibilidad de la disyunción

Como se ha visto la disyunción hereda, como la conjunción, la medibilidad. Cada magnitud ($X, <_{P+Q}, m_{P+Q}$) define un conjunto borroso **P** U **Q** y uno de trabajo (**P** U **Q**)^{med} llamados la «reunión» de los **P** y **Q**, así como de los **P**^{med} y **Q**^{med}, respectivamente. Nótese que siempre es **P** ∩ **Q** ⊆ **P** U **Q**.

10. DOS EJEMPLOS, UN COMENTARIO Y FUNCIONES DE PERTENENCIA TÍPICAS.

10.1. Ejemplo con condicionales: dos diseños con conjunción y con disyunción y negación.

Conocido que un enunciado condicional «Si x es P, entonces y es Q», con P actuando en X y Q en Y, se representa bien suponiéndolo equivalente al enunciado incondicional «x es P e y es Q», o bien al «x no es P, o y es Q», se pide la diferencia que, con ambas interpretaciones, tendrá el problema «Si x es pequeño, entonces y es grande», con x en [0, 1] e y en [0, 10]. ¿Cuál será en ambos casos el valor de y una vez conocido que x = 0.2 no es grande?

Los dos casos involucrados son, respectivamente,

a) x es grande < y es pequeño ⇔ (x es G) · (y es P) ⇔ $T(m_G(x),\ m_P(y))$.

b) x es G < y es P ⇔ (x no es G) + (y es P) ⇔ $S(m_{G'}(x), m_P(y))$,

fórmulas que, supuestas las medidas lineales $m_G(x) = x$, $m_P(y) = 1 - y/10$, se representan respectivamente por:

a) $T(x, 1 - y/10)$;

b) $S(1 - x, 1 - y/10)$,

a falta de especificar las funciones T y S, aunque aceptando que la negación de grande se efectúa mediante la función de negación (también lineal) 1 – x, es decir, que $m_{G'}(x) = 1 - m_G(x) = 1 - x$.

Para especificar las operaciones T y S, debe saberse más sobre ellas. Supongamos que, en el caso (a), se sabe que la conjunción no verifica la propiedad «p · p ~ p»; con ello, T no debe verificar T (a, a) = a, sino T (a, a) < a, es decir, T no puede ser la operación min. De, además, saber que T es interactiva, que mezcla completamente los valores, entonces cabe escoger T = producto y, con ello, la ecuación (a) se especifica por completo en: $x(1 - y/10)$, expresión que ya permite calcular.

Como se quiere siempre que la relación de inferencia, representada en el primer caso por la anterior ecuación, sea efectiva, debe verificar la inecuación del Modus Ponens (MP), $T(m_{P*}(x), x(1 - y/10)) \leq m_{Q*}(y)$, siendo Q* el output que corresponda al input P*. La anterior inecuación puede liberarse de la variable x en su primer miembro, sin más que transformarla en la siguiente:

$$\mathrm{Sup}_{x \in [0,1]}\, T(m_{P*}(x), x(1 - y/10)) = \mathrm{Sup}_{x \in [0,1]}\, T(m_{P*}(0.2), x(1-y/10)) \leq m_{Q*}(y)$$

que, siendo P* = no grande, es decir, $m_{P*}(x) = 1 - x$, finalmente y con T = producto, lleva a,

$$\mathrm{Sup}_{x \in [0,1]}\, (0.8\, x(1 - y/10) = 0.8(1 - y/10) \leq m_{Q*}(y),$$

mostrando que Q* puede identificarse con «más que casi pequeño».

Análogamente, también la segunda ecuación, $S(1 - x, 1 - y/10)$, debe verificar la desigualdad MP. Antes, sin embargo, debe especificarse la operación de disyunción S la cual, de saber que siempre es p + p = p, puede asegurarse que es S = max y, con ello, la fórmula que representa la relación condicional de inferencia es 1 – min (x, y/10). Por lo tanto, al imponerle el MP, $Sup_{x \in [0, 1]}\ m_{G'}$ (0.2) (1 – min (x, y/10)) = 0.8(1 – 0)= 0.8 ≤ m_{Q*} (y), sigue que Q* puede identificarse con «mayor que constantemente igual a 0.8 ».

10.2. Ejemplo con modificadores lingüísticos (muy) y predicados: verdadero/falso

Veamos, como segundo ejemplo, que no siempre es estrictamente necesario especificar cuantas funciones aparecen en la representación inmediata de una protoforma. Dados los dos enunciados:

p = Es verdadero que Juan es alto; q = Es falso que Juan es muy alto,

¿Pueden compararse? ¿Se requiere para ello más información? ¿Cuál de ellos es más verdadero?

De las correspondientes protoformas,

(Juan es P) es v,

(Juan es muy P) es f,

con P = alto, v = verdadero y f = falso, siguen las expresiones que pueden permitir dar respuesta a las tres preguntas anteriores y, a la vez, mostrar que la teoría de los conjuntos borrosos, del significado lingüístico medible si se quiere, permite efectuar un análisis cualitativo de los enunciados. Tales expresiones son:

$$m_v\ (m_{alto}\ (Juan)),\ \ m_f\ (m_{muy\ alto}\ (Juan)),$$

y, aceptado que muy alto < alto, con lo cual $m_{muy\ alto} \leq m_{alto}$ lo que suele expresarse por medio de $m_{muy\ alto} = m_{alt}^2$, para explicitarlas basta conocer qué funciones son m_v, m_f y $m_{alto} = m_P$. Veámoslo.

En cuanto a m_v, aplicándose el predicado v = verdadero a enunciados y, más concretamente, a sus grados de significado, es una función entre [0, 1] y [0, 1], que es creciente y verifica m_v (0) = 0 y m_v (1) = 1. En cuanto a m_f y siendo f opuesto o antónimo de v, será entre los mismos intervalos, pero decreciente y tal que m_f (0) = 1 y m_f (1) = 0, para ello basta considerar que es $m_f (x) = m_v (1 – x)$.

Así, aquellas expresiones se concretan en: m_v (m_{alto} (Juan)) y m_v (1 – m_{alto} (Juan)^2). Con ello, de m_{alto} (Juan)^2 ≤ m_{alto} (Juan) y de 1 – a < a ⇔ ½ < a, sigue:

Si m_{alto} (Juan) > 0.5 => m_v (m_{alto} (Juan)) ≤ m_f ($m_{muy\ alto}$ (Juan)), y lo contrario si, como alto, Juan mide más que 0.5.

En conclusión, si Juan no es más alto que el promedio de la gente, el primer enunciado es menos verdadero que el segundo falso y al revés de ser Juan más alto que el promedio de la gente. El ejemplo muestra cómo es posible obtener una respuesta sin llegar a explicitar por completo las funciones que intervienen en el planteamiento simbólico del problema.

La teoría de los conjuntos borrosos permite analizar cualitativa y semánticamente los enunciados y, si los ordenadores, como llevan correctores sintácticos, también llevasen uno semántico que permitiese análisis como el anterior, ayudaría a los escritores. Si uno de ellos escribe la primera frase anterior y dudase de si escribir la segunda en su lugar, le bastaría poner en marcha el corrector semántico para saber cuál de las dos es más verdadera y ello por más que, por descontado, suya sería la decisión de cuál de ambas expresiones prefiere usar.

10.3. Diseño de la medida de un predicado. Funciones de pertenencia lineales a trozos.

El comentario anunciado y que, en realidad, tiene qué ver con el diseño, se refiere a una forma habitual de las funciones de pertenencia o medidas del significado, la llamada forma trapezoidal, de la cual es caso particular la triangular y que reflejan una representación no completamente lineal sino lineal a trozos.

En cierta forma, cabe recordar, en esta encrucijada, la oración que. según se dice, entonaban los estudiantes graduados del famoso MIT: «Dios mío, haz que el mundo sea lineal, estable y gaussiano», cuando, tras estudiar bajo esas hipótesis se daban cuenta que el mundo es más complejo. Es que, casi necesariamente, las suposiciones necesarias para hacer el diseño de las funciones de pertenencia basándose en la información contextual disponible tendrán algunos márgenes permitiendo no hacer las cosas más complicadas de lo estrictamente necesario y elegir funciones rectilíneas a trozos en lugar de funciones cuadráticas, cúbicas o más complejas, de manera que los correspondientes cálculos numéricos resulten lo menos costosos posibles en términos computacionales.

Se trata, realmente, de aplicar la conocida regla metodológica de Ockham, la llamada «Navaja de Ockham», que recomienda elegir siempre la solución más simple.

En general, las funciones $m: X \rightarrow [0, 1]$, medidas del significado cualitativo o funciones de pertenencia a un conjunto borroso, permiten clasificar X en los subconjuntos $X_0 = \{x \in X; m(x)=0\}$, $X_1 = \{x \in X; m(x) = 1\}$ y $X_+ = \{x \in X; 0 < m(x) < 1\}$. De ellos, los dos primeros no tienen ningún problema, pero en el tercero m puede ser creciente, decreciente, ambas cosas o constante. Un caso frecuente es cuando X queda cubierto por los tres subconjuntos de la anterior partición sucediéndose de tal manera que X_0 ocupe las partes izquierda y derecha, de manera que X_1 separe X_+ en dos partes.

He aquí un ejemplo con $X = [0, 10]$ y P = cerca de 3, una palabra designando un concepto aproximado de tal manera que deben existir números $3 - \varepsilon$ y $3 + \delta$ tales que $y = m_P(x)$ sea cero antes del primero y después del segundo, pero positiva entre ambos y con valor 1 en $x = 3$, por lo cual deberá crecer desde $x = 3 - \varepsilon$ hasta $x = 3$, y decrecer desde $x = 3$ hasta $x = 3 + \delta$, de manera que en el intervalo en el que es positiva pueda valer uno en algún sub-segmento conteniendo 3 y siendo, a la vez, simétrica respecto de la recta vertical $x = 3$, o no serlo.

Respecto de los trozos de curva que unen los puntos $3 - \varepsilon$ con el primero para el que sea $y = 1$ y el último en el que y tenga ese valor con $3 + \delta$, se tratará de segmentos rectilíneos si el problema correspondiente no detecta las pequeñas variaciones respecto de que sean curvas monótonas no rectilíneas, es decir, depende de la «granularidad» numérica del problema, de si viene o no afectado por una diferencia relativamente pequeña en los valores de y. Así, por ejemplo, si con $\varepsilon = \delta = 1$, la función es:

$$m_{\text{cerca } 3}(x) = x^2, \text{ entre 0 y 2}; = 1, \text{ entre 2 y 4}; 5 - x, \text{ entre 4 y 5}; 0, \text{ entre 5 y 10},$$

podrá ser cambiada por lo mismo salvo entre 0 y 1 que, en lugar de x^2, valga x, supuesto que para el problema en curso las diferencias $x - x^2 = x(1-x)$ no sean significativas entre 0 y 1, una diferencia que es simétrica respecto de x = 0.5 donde es máxima y alcanza el valor 0. 25, pero que en x = 0.1 y en x = 0.9 vale 0.09. Esa aproximación por una función lineal a trozos depende, por tanto, del «grosor de la brocha» del correspondiente problema.

10.4. Ejemplos de funciones de pertenencia

Como se ha dicho un conjunto borroso **P** en un universo X se maneja por una función de pertenencia $\boldsymbol{m_P: X \to [0,1]}$.

Cualquier función adecuada, es decir que sea una medida del significado de P en X, es válida: Su especificación, su diseño, depende del comportamiento en X de la propiedad nombrada por P, del contexto en el que se inscriba el problema y, naturalmente, del mismo problema.

En general, quienes aplican la teoría de los conjuntos borrosos a problemas prácticos, suelen preferir usar funciones lo más simples posible y no solo por simplificar los cálculos, sino cuidando que no provoquen perdida de exactitud a causa de la granularidad del problema; si éste es sensible a las centésimas, por ejemplo, no deben tomarse unas aproximaciones que las alteren. Como una regla general y como se dijo anteriormente, lo más adecuado es especificar esas funciones como las más simples, pero no más.

En lo que sigue se presentan algunas de las formas más usuales de las medidas, es decir, las funciones de pertenencia típicas:

1. Triangular: Definida por sus límites inferior *a* y superior *b*, y el valor modal *m*, tal que a < m < b

$$m_p(x) = \max(\min((x-a)/(m-a),(b-x)/(b-m)),0)$$

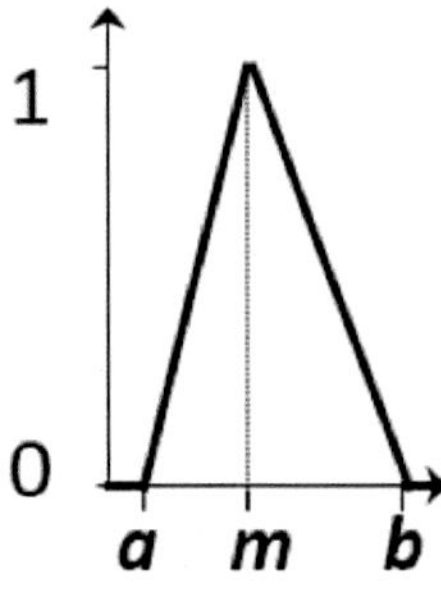

Figura1. Triangular

En lo que sigue, se cambia la notación m_p por la letra 'a mayúscula inclinada'..

2. Función Γ (*gamma*): Definida por su límite inferior *a* y el valor *k*>0.

$$A(x) = \begin{cases} 0, & x \leq a \\ 1 - e^{-k(x-a)^2}, & x > a \end{cases}$$

¿Son la misma función?

$$A(x) = \begin{cases} 0, & x \leq a \\ \dfrac{k(x-a)^2}{1+k(x-a)^2}, & x > a \end{cases}$$

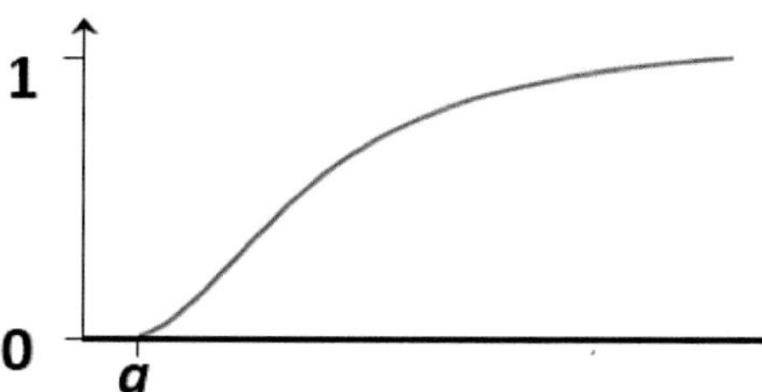

Figura 2. Función gamma

Esta función se caracteriza por un rápido crecimiento a partir de ***a***. Cuanto mayor es el valor de ***k***, el crecimiento es más rápido.

La primera definición tiene un crecimiento más rápido , por lo tanto no son la misma función aunque su comportamiento es similar.

Nunca toman el valor 1, aunque tienen una asíntota horizontal en y = 1.

Se aproximan linealmente por:

$$A(x) = \begin{cases} 0, & x \leq a \\ \dfrac{x-a}{m-a}, & x \in (a, m) \\ 1, & x \geq m \end{cases}$$

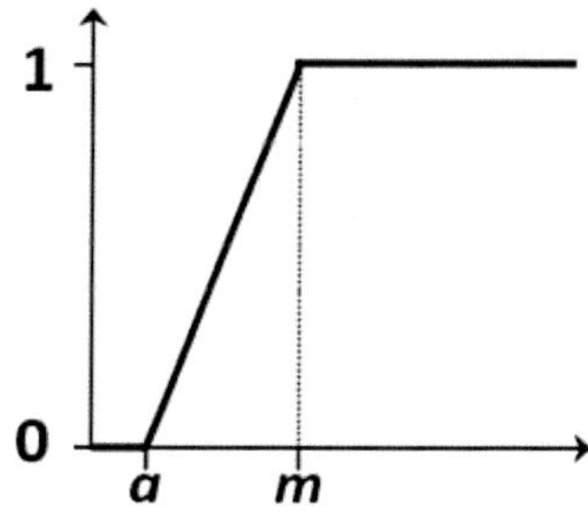

Figura 3. Función lineal a trozos

3. <u>Función S</u>: Definida por sus límites inferior *a* y superior *b*, y el valor *m*, o punto de inflexión, tal que *a<m<b*.

Un valor típico es: *m=(a+b) / 2*.

El crecimiento es más lento cuanto mayor sea la distancia *a-b*.

$$A(x) = \begin{cases} 0 & si\, x \leq a \\ 2[(x-a)/(b-a)]^2 & si\, x \in (a,m] \\ 1-2\left[\dfrac{x-a}{b-a}\right]^2 & si\;\; x \in (m,b) \\ 1 & si\;\; x \geq b \end{cases}$$

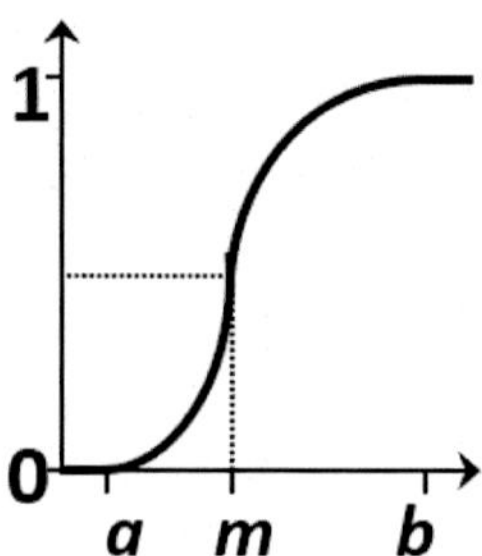

Figura 4. Función S

La función sigmoide, utilizada en muchas aplicaciones de IA es una función en forma de S, que otorga a todos sus puntos un valor entre 0,1. La función más conocida es $\sigma(x) = \frac{1}{1+e^{-x}}$, , aunque siendo del grupo de funciones sigmoides, también pertenece la función arcotangente o tangente hiperbólica.

4. <u>Función Gaussiana</u>: Definida por su valor medio *m* y el valor *k*>0. Es la típica campana de Gauss.

Cuanto mayor es *k*, más estrecha es la campana.

$$A(x) = e^{-k(x-m)^2}$$

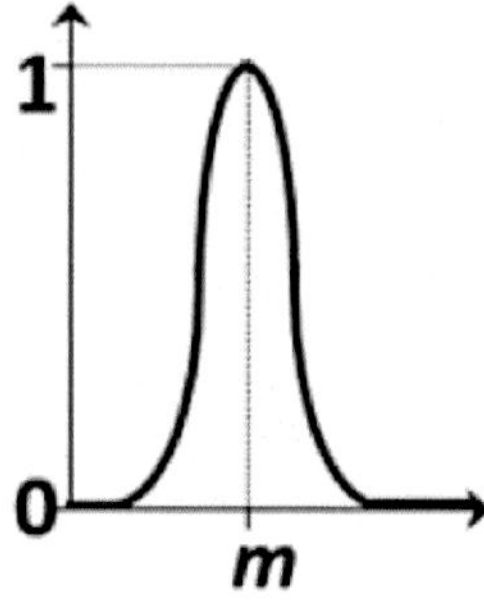

Figura 5. Función Gaussiana

5. Función Trapezoidal: Definida por sus límites inferior *a* y superior *d*, y los límites de su soporte, *b* y *c*, inferior y superior respectivamente.

$$A(x) = \begin{cases} 0 & si\, x \leq a\, o\, x \geq b \\ (x-a)/(b-a) & si\, x \in (a,b] \\ 1 & si\;\; x \in (b,c] \\ (d-x)/(d-c) & si\;\; x \in (c,d) \end{cases}$$

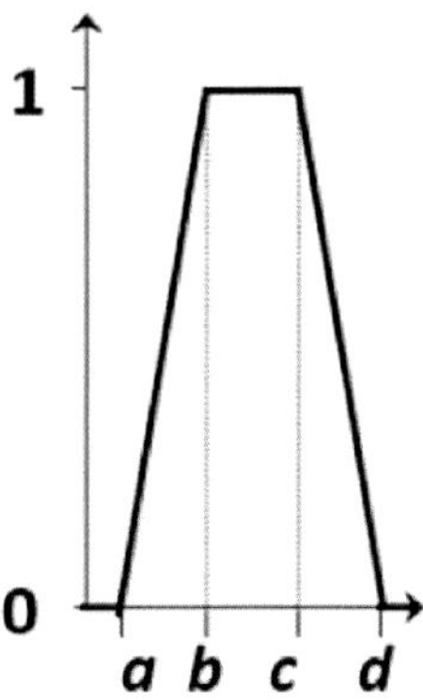

Figura 6. Función trapezoidal

6. Función Pseudo-Exponencial: Definida por su valor medio *m* y el valor *k*>1.

$$A(x) = \frac{1}{1 + k(x-m)^2}$$

Cuanto mayor es el valor de *k*, el crecimiento es más rápido y la «campana» es más estrecha.

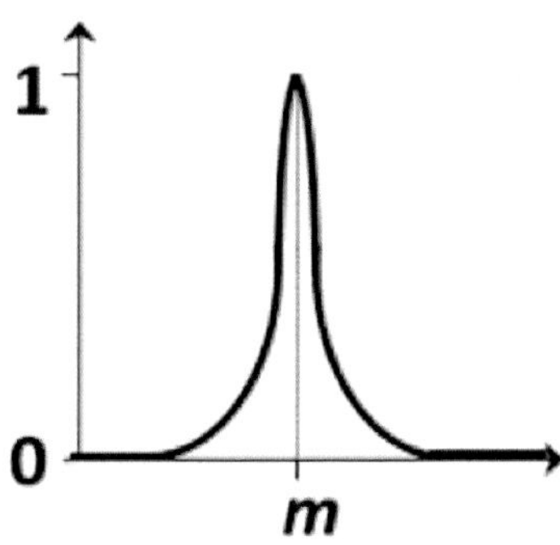

Figura 7. Función pseudo-exponencial

7. **Función Trapecio Extendido**: Definida por los cuatro valores de un trapecio [*a, b, c, d*], y una lista de puntos entre *a* y *b*, o entre *c* y *d*, con su valor de pertenencia asociado a cada uno de esos puntos.

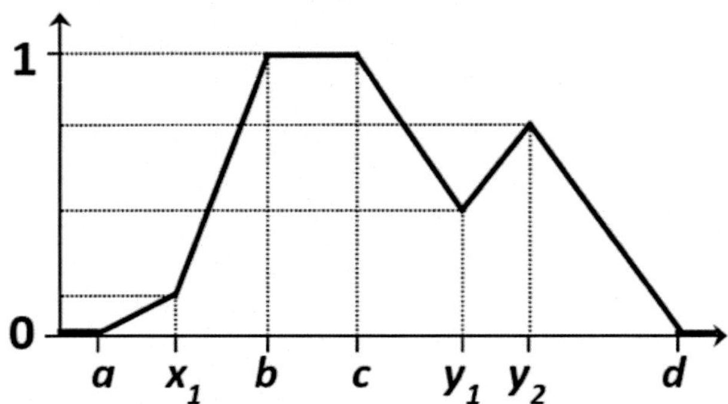

Figura 8. Función trapecio extendido

En general, la función Trapezoidal se adapta bastante bien a la definición de cualquier concepto, con la ventaja de su fácil definición, representación y simplicidad de cálculos.

En casos particulares, el Trapecio Extendido puede ser der gran utilidad y permite gran expresividad aumentando su complejidad.

En general, usar una función más compleja no añade mayor precisión, pues debemos recordar que se está definiendo un concepto borroso.

11. COHERENCIA OPUESTO-NEGACIÓN: REPRESENTACIÓN MATEMÁTICA

11.1. El opuesto o el antónimo

Como se mencionó en la sección 6, si bien la negación de una palabra se acepta como otra palabra, no está, sin embargo, en el diccionario; así, joven está en el diccionario, pero no-joven no está en el mismo. Si «joven» nombra una propiedad graduable manifiesta en la gente de un determinado colectivo (*su juventud*), lo que nombra no-joven es la carencia de esa propiedad, de juventud; la negación es excluyente y seguramente es por eso que algunas culturas huyen de ella; así, en Japón casi nunca se emplea «no», como tampoco se hace en algunos países de la América hispana, México por ejemplo. La negación suena, en esos países, brutal, les parece de mala educación.

Sin embargo, el opuesto de joven, viejo, si se encuentra en el diccionario y nombra la propiedad opuesta, la *vejez*, a aquella que nombra joven, la juventud. Así como entre joven y no joven suele no contemplarse nada, la separación entre joven y viejo no es tan abrupta; hay gente que se percibe que está entre joven y viejo.

Es por todo ello que, si P actúa en un universo del discurso X, P' es única y actúa en X, en tanto que la opuesta, P^a, no es única, también actúa en X y de ella se acepta que, sin duda, su opuesta es la P de partida, es decir, que es $(P^a)^a = P$, que la oposición es involutiva. Por eso mismo, si $<_P$ refleja el significado de P en X, entonces $<_P^{-1}$ refleja el de P^a en el mismo X.

Así, para hallar las medidas de P^a, una vez conocidas las de P, basta contar con una aplicación s_P: X →X, tal que invierta la relación $<_P$ y sea involutiva, $s_P \circ s_P = s_P$, y con ella definir $m_P^a = m_P \circ s_P$. En efecto:

1) $x <_P^a y \Leftrightarrow y <_P x \Rightarrow s_P(x) <_P s_P(y) \Rightarrow m_P(s_P(x)) \leq m_P(s_P(y)) \Leftrightarrow m_P^a(x) \leq m_P^a(y)$.

2) Si z es maximal para $<_P^a$, es decir, para $<_P^{-1}$, es que es minimal para $<_P$ y, por lo tanto, $s_P(z)$ es maximal para esa relación; con ello, $m_P^a(z) = m_P(s_P(z)) = 1$.

3) *Mutatis mutandis,* si z es minimal para $<_P^a$, entonces $s_P(z)$ es minimal para $<_P$ y $m_P^a(z) = m_P(s_P(z)) = 0$.

11.2. Coherencia entre la negación y su antónimo

No hay que perder de vista que cuanto se está haciendo no es sino intentar, para su estudio, representar (matemáticamente) el lenguaje ordinario; aquel con el cual las personas se expresan gracias al significado de los enunciados. Aquel, en y con el cual se genera el razonamiento ordinario, o de sentido común, gracias al que la gente toma las decisiones de cada día.

A tal respecto, debe notarse que enunciados como

Si la botella está vacía, entonces no está llena,

referente al predicado «lleno», con negación «no lleno» y antónimo «vacío», revelan la propiedad $p^a < p'$ entre enunciados, que recibe el nombre de *propiedad de coherencia entre oposición y negación lingüísticas.* Otro ejemplo mostrando esa propiedad de coherencia es

Si el hombre era viejo, entonces no era joven,

esta vez con referencia al predicado «joven», etc. Es una propiedad que, señalando la no independencia de las funciones que permitan representar la negación y el antónimo, facilita, a través de la desigualdad:

$$m_p{}^a \leq m_{p'} \Leftrightarrow m_p \circ s_p \leq N_p \circ m_p \Leftrightarrow m_p \leq N_p \circ m_p \circ s_p, \; [*],$$

una relación de desigualdad que deben cumplir las funciones de simetría y de negación.

Así, por ejemplo, si p = grande en [0, 1] con la medida identidad, $m_{grande}(x) = x$, aquella desigualdad (simplificando y quitando los subíndices p) lleva a $s(x) \leq N(x)$ que, de tomar la función de negación como una de la familia $(1 - x^n)^{1/n}$, conduciría al conocimiento $s(x) \leq (1 - x^n)^{1/n}$. Análogamente, de tomar $s(x) = 1 - x$, se obtendría $1 - x \leq N(x)$.

En conclusión, en un enunciado o frase larga en la que aparezcan antónimos y negaciones, los primeros y las segundas no podrán representarse siempre por las mismas funciones en todas sus apariciones, y las que sean consecutivas entre negación y opuesto deberán elegirse, diseñarse, cumpliendo la condición de coherencia [*].

11.3. La negación y su propiedad involutiva

Conviene insistir que se está intentando analizar el lenguaje natural ordinario con el que se comunican las personas, sea consigo mismas o con otras, así como el razonamiento de sentido común que comparten todas ellas y que ha permitido, y sigue permitiendo, sobrevivir a los miembros de la especie *Homo Sapiens*.

Es por ello, que la negación ni puede suponerse constante a lo largo de una frase lingüística, ni mucho menos «involutiva » o «fuerte », como es costumbre en los tratados de lógica, tanto clásica como borrosa y con la única diversidad que a ese respecto presenta la llamada «matemática intuicionista ». Veamos.

Usualmente, todo enunciado p tiene una única negación p', lograda negando paso a paso cuantos enunciados elementales lo constituyen y, para ello, manejando, por ejemplo, las leyes de dualidad supuesto que las mismas sean válidas en el contexto del relato. En caso contrario y aunque no sea posible construir el enunciado negado, este puede o no puede existir. Lo mismo sucede cuando ya conocido p' se trata de su negación $p'' = (p')'$; es como sucede, por ejemplo, en el lenguaje de programación *Prolog*, y es precisamente la comparación por inferencia con la segunda negación, la que permite clasificarla como sigue:

1) Si $p < p''$, se dice que la negación es *débil en* p.

2) Si $p'' < p$, se dice que la negación es *intuicionista en* p.

3) Si la negación es a la vez débil e intuicionista en p, es decir, si es $p < p''$ y $p'' < p \Leftrightarrow p \sim p''$, se dice que la negación es *fuerte en* p-

4) Si la negación no es ni débil, ni intuicionista en p, es decir p ⊥ p'', p y p'' son incomparables por inferencia, se dice que la negación es *salvaje en* p.

Debe notarse que el carácter de la negación no puede considerarse constante a lo largo de un enunciado extenso, es una propiedad local; en un lugar la negación puede ser débil, en otro fuerte, no existir o ser salvaje en otros lugares. Así, por ejemplo, en *Prolog* bien no existe p' o bien existe y la negación es intuicionista en p.

11.4. Propiedades y tipos de negaciones

Con todo ello, en el caso de los conjuntos borrosos, la función que permita representar matemáticamente la negación, N: [0, 1] →[0, 1], deberá verificar una de las siguientes características:

1) Si la negación lingüística es débil en «x es P», entonces deberá ser $x \leq N(N(x))$ para cada x tal que aquello suceda.

2) Si es intuicionista, deberá ser $N(N(x)) \leq x$ en cada x donde ello suceda.

3) Si es fuerte, será $x = N(N(x))$ en los correspondientes x.

4) Si es salvaje en x, N no podrá representarla en ese punto, y de ser salvaje en un subconjunto del universo, la función N o N derivada de la N que se adopte, no podrá estar siempre bien por encima o bien por debajo de la identidad Id (x) = x, deberá cruzarla.

Además, no es difícil probar que, en los casos débil e intuicionista, N no puede ser exhaustiva y, por tanto, es discontinua contrariamente a lo que necesariamente sucede si es fuerte.

El único ejemplo de función que, no siendo fuerte, se ha empleado en la lógica borrosa es la $N(x) = 1 - x^2$; nótese que $(N \circ N)(x) = N(N(x)) = N(1 - x^2) = 1 - (1 - x^2)^2 = -x^4 + 2x^2$, no sólo no es x sino que hay puntos x en los que N o N está por debajo de ellos y otros en los que está por encima. Por ejemplo, (N o N) (0.2) = 0.0784, es un valor que está por debajo, pero (N o N) (0.9) = 0.9639 está por encima. Al ser N exhaustiva, no puede estar siempre por debajo o por encima de la identidad y, en efecto, la cruza puesto que

$$1 - x^2 = x \Leftrightarrow x^2 + x - 1 = 0 \Leftrightarrow x = (\sqrt{5} - 1)/2, \text{ ó } x = -(\sqrt{5} + 1)/2,$$

raíces de las que sólo la primera está en el intervalo [0, 1], antes de ½ y es el punto en el cual cruza a la identidad pasando de un lado al otro de la misma. Es el punto fijo de la negación.

Por lo que respecta a las funciones N que pueden representar negaciones fuertes y que, por ello, reciben el nombre de *funciones de negación fuerte*, tienen las siguientes propiedades de las que sólo la tercera les es específica en tanto las otras dos son comunes con cualquier negación:

1) N (0) = 1 y N (1) = 0, como cualquier otra función de negación y puesto que es de común aceptación que al negar lo verdadero pasa a falso y lo falso a verdadero

2) Como sea que la negación lingüística invierte la inferencia: p < q => q' < p', toda función de negación debe ser decreciente, es decir, si $x \leq y \Rightarrow N(y) \leq N(x)$.

3) N (N (x)) = x en todo x de [0, 1] y, por tanto, es N o N = Id, N = N^{-1} y N es continua y estrictamente decreciente.

Se trata de tres propiedades permitiendo obtener el siguiente teorema (antes enunciado y cuya prueba se omitió) que caracteriza las funciones de negación fuerte:

Una función N es de negación fuerte en un punto x del intervalo unidad si y sólo si existe un automorfismo de orden de ese intervalo, f, tal que N (x) = f^{-1} (1 – f (x)).

Está claro que la función f: [0, 1]→[0, 1], es estrictamente creciente y verifica f (0) = 0, f (1) =1. Así con f (x) = x^n ($f^{-1}(x) = x^{1/n}$) se obtienen las antes ya manejadas negaciones fuertes $(1 - x^n)^{1/n}$.

Además, el teorema anterior permite determinar que, cada función N de negación fuerte, tiene un único punto fijo: N (x) = x ⇔ 1- f (x) = f (x) ⇔ x = f^{-1} (1/2), que está en el intervalo abierto (0, 1). Así, el de las anteriores negaciones, es $2^{1/n}$. Se trata del único valor que es común a las medidas del significado de los enunciados «x es P» y «x es no P» cuando la negación lingüística «no» se represente por esa función N.

11.5. La importancia del diseño

Todas las propiedades que han aparecido muestran cuán relevante es diseñar cuanto aparece y haciéndolo de la forma más cuidadosa posible. Así y por ejemplo, con un mal diseño de la función de negación es bien fácil que su punto fijo no corresponda al valor de verdad común a «x es P» y «x es no-P», con lo cual, de necesitar conocerlo, se tendrá un valor erróneo.

12. EL REPARTO PERFECTO

12.1. Ley del reparto perfecto en álgebras de Boole

Una ley que es «típica» de las álgebras de Boole, del cálculo lógico clásico, es la llamada ley del reparto perfecto: $p = p \cdot q + p \cdot q'$, válida en esas álgebras cualesquiera que sean p y q. Una validez que sigue de tres de las leyes básicas del álgebra de Boole: El carácter neutro del máximo 1 ($a \cdot 1 = a$, para todo a), la primera ley distributiva ($a \cdot (b + c) = a \cdot b + a \cdot c$, para cualquier terna a, b, c), y el tercero-excluido ($d + d' = 1$, para todo d del álgebra). En efecto:

$$p = p \cdot 1 = p \cdot (q + q') = p \cdot q + p \cdot q',$$

indicando que cuanto afecte al enunciado p se reparte entre cuanto también afecte a q, o cuanto afecte a no-q.

Es un «reparto» de p entre q y no-q que, además, es «perfecto»:

$$(p \cdot q) \cdot (p \cdot q') = (p \cdot p) \cdot (q \cdot q') = p \cdot 0 = 0,$$

gracias a otras propiedades de la conjunción en las álgebras de Boole. Nada en común puede haber entre sus dos partes; son una partición perfecta, un reparto perfecto, una clasificación perfecta, de p. Cuando el álgebra de Boole es una de conjuntos, entonces la ley del reparto perfecto se escribe en la forma,

$$\mathbf{P} = (\mathbf{P} \cap \mathbf{Q}) \cup (\mathbf{P} \cap \mathbf{Q}^c),$$

siendo vacía la intersección de ambas partes.

La ley del reparto perfecto es, además, fundamental para las álgebras de Boole; lo es tanto que, tomada como un axioma juntamente con otras pocas leyes, define un álgebra de Boole. Por ejemplo, al repartir el par 1 y p, se tiene $1 = 1 \cdot p + 1 \cdot p' = p + p'$, así como $1' = 0 = (p + p')' = p' \cdot p'' = p \cdot p'$, etc.

12.2. Ley del reparto perfecto con conjuntos borrosos

Visto todo esto, la pregunta acerca de la validez de esa ley con los conjuntos borrosos, surge de inmediato. ¿Podrá valer en el lenguaje ordinario? De valer, ¿cómo lo hará localmente? ¿Cuándo podrá afirmarse, por ejemplo, que «joven» coincide con («joven y alto» o «joven y no alto»)? ¿Podrá cambiarse la negación de q por uno de sus antónimos? Veamos.

Si p y q son enunciados imprecisos, la posibilidad de que la fórmula $p = p \cdot q + p \cdot q'$ sea válida, debe analizarse a través de los respectivos grafos de significado y de sus medidas. En cuanto a los primeros, siendo $(<_p \cap <_q) \cup (<_p \cap <_{no\ q}) = <_p \cap (<_q \cup <_{no\ q}) = <_p$, puesto que $<_q \cup <_{no\ q}$ será el grafo total, aquel en el cual todo está conectado con todo, no parece existir ninguna objeción a que se verifique la igualdad de manera cualitativa.

Otra cosa es que valga contextualmente, de forma observacional si se quiere; es decir, con medidas del significado, cuantitativamente. Para ello, deben existir funciones S, T_1, T_2 y N, tales que sea:

$$m_p(x) = S(T_1(m_p(x), m_q(x)), T_2(m_p(x), N(m_q(x))).$$

Se requiere, por tanto, resolver la ecuación funcional

$$u = S(T_1(u, z), T_2(u, N(z)),$$

para cualesquiera u y z en el intervalo unidad y con las incógnitas S, T_1, T_2 y N. Si bien esa ecuación fue resuelta tiempo ha, no se va a resolver aquí y nos limitaremos a dar una solución en el caso $T_1 = T_2 = \text{prod}$, N = 1 –Id, en el cual la ecuación se simplifica a la

$$u = S(uz, u(1 - z)),$$

que se verifica con S (a, b) = min (1, a + b), ya que entonces el segundo miembro es min (1, uz + u(1 – z))= min (1, u) = u.

La solución general de la ecuación con una única negación viene dada por las operaciones:

$$T(a, b) = f^{-1}(f(a).f(b)),\ S(a, b) = f^{-1}(\min(1, f(a) + f(b)),\ f^{-1}(1 - f(a)) = N(a),$$

con lo que la anterior solución corresponde a f = Id. Debe observarse que, en el caso borroso, la ley del reparto perfecto muestra la singularidad de no requerir la validez de ninguna ley de dualidad ya que, en efecto,

$$N(S(N(a), N(b)) = 1 - \min(1, 1 - a + 1 - b) = \max(0, a + b - 1)$$

es distinto de T (a, b) = ab.

Visto que la ley del reparto perfecto puede verificarse localmente con las familias anteriores de operaciones T, S y N, resta aún la pregunta de si el reparto es, realmente, perfecto, es decir, si puede ser

$$T^*(T(u, z), T(u, 1 - z))) = 0, \text{ para alguna operación } T^*.$$

La respuesta es positiva por más que con T = prod es $(uz).(u.(1 - z)) = u^2z(1-z)$, que sólo vale 0 cuando bien es u = 0, o bien es z = 0, o bien es z = 1, es decir, en el caso clásico; sin embargo con T (a , b) = max (0, a + b -1), es T (uz, u – uz) = max (0, uz + u – uz – 1) = max (0, u – 1) = 0.

Por lo tanto, en el caso impreciso, borroso, no sólo puede haber reparto, sino que éste puede ser perfecto si cabe considerar la anterior operación T. Con todo, el reparto perfecto no es compatible con las leyes de dualidad; de haber dualidad, no podrá haber reparto perfecto.

12.3. Problema de la ley del reparto perfecto con el antónimo

Resta la pregunta sobre qué sucede de cambiar q por uno de sus antónimos q^a. ¿Valdrá la fórmula $p = p \cdot q + p \cdot q^a$?

La respuesta es, en general, negativa y ello por cuanto en las álgebras de Boole de la coherencia $q^a < q'$ sigue $p \cdot q^a < p \cdot q'$ y también $p \cdot q + p \cdot q^a < p \cdot q + p \cdot q' = p$, pero sin poder garantizar más que el signo < y no el igual o el ~ de equivalencia por inferencia, ya que, por ejemplo, no suele ser el caso que coincidan q^a y q', que sea $q^a \sim q'$, que el único antónimo sea el negado, caso del cual (en la Lingüística) se dice que q es irregular, carece de antónimos. Nótese que, de ser q medible, siempre pueden encontrarse antónimos de q sin más que encontrar simetrías en el universo del discurso. Sólo excepcionalmente puede valer la ecuación $p = p \cdot q + p \cdot q^a$ y, además, no representará un reparto «perfecto» al no ser, en general, $q \cdot q^a = 0$ como es $q \cdot q' = 0$.

13. UNA VÍA PARA DETERMINAR FUNCIONES DE PERTENENCIA

13.1. Introducción a medidas indistinguibles

Como se advirtió, un conjunto borroso de trabajo, $\mathbf{P}^{med}$, representa una forma en la que se observa o se percibe el conjunto borroso, **P**. Una percepción, la de la medida del significado de P en X o función de pertenencia a **P** que, en algunas ocasiones, parte de un elemento del universo X que puede considerarse prototípico de la propiedad p nombrada por P, la etiqueta lingüística del conjunto borroso.

Es el caso, por ejemplo, de algunos conjuntos borrosos en el intervalo unidad, cuyo máximo 1 puede considerarse como el prototipo perceptivo del concepto «grande», su mínimo 0 como prototipo perceptivo de «pequeño» y ½ como el prototipo de «mediano».

Con ello, si consideramos a los números grandes, por ejemplo, como aquellos que son perceptivamente indistinguibles de 1, entonces, supuesta la existencia de una función I: [0, 1] x [0, 1] → [0, 1], capaz de representar el grado, I (x, y), en que cada x es indistinguible de cada y, la función $I_1(x) = I(x, 1)$, el grado de indistinguible con 1 de cada x, puede verse como la función de pertenencia al conjunto borroso con etiqueta lingüística «grande», la $I_0(x) = I(x, 0)$ de «pequeño» e $I_{1/2}(x, ½) = I(x, ½)$ de «mediano». Así, la función I (x, y) = 1 - |x - y|, lleva a las respectivas funciones de pertenencia:

$$I_1(x) = 1 - |x - 1| = x;\ I_0(x) = 1 - |x - 0| = 1 - x;\ I_{1/2}(x) = 1 - |x - 1/2|,$$

coincidentes con las que, lineales, cabe encontrar a través de buscar las medidas de significado de las respectivas etiquetas lingüísticas. De ellas, la tercera es una función triangular que antes de ½ vale ½ - x, vale 1 en ½ y pasado este número vale 3/2 – x; una forma que autoriza ver la etiqueta «mediano» sinónima de la «alrededor de ½».

13.2. Operadores de indistinguibilidad

Prestemos un momento de atención a las funciones I, que suelen recibir el nombre de «operadores de indistinguibilidad» o de «equivalencia borrosa».

Si R es una relación clásica de equivalencia, o sea, $R \subseteq X \times X$, que es reflexiva ((a, a) ∈ R para todo a de X), simétrica (a, b) ∈ R ⇔ (b, a) ∈ R) y transitiva (Si (a, b) ∈ R y si (b, c) ∈ R => (a. c) ∈ R). Se trata de unas propiedades que, permitiendo clasificar perfectamente X en las clases [x] = {y ∈ X; (x, y) ∈ R}, con la función de pertenencia o característica de R, sea F, se traducen como sigue:

1) Reflexiva ⇔ F (a, a) = 1, para todo a de X; 2) F (a, b) = F (b, a), para todo par a, b de X;3) Si F (a, b) = 1 y F (b, c) = 1 => F (a, c) = 1 ⇔ min (F (a, b), F (b, c)) ≤ F (a, c) para toda terna a, b, c de X.

Esa forma funcional de enunciar las tres propiedades de una relación de equivalencia, es la que sugiere las de una equivalencia borrosa o indistinguibilidad de significado. Tales funciones I se llaman un operador de T-indistinguibilidad si verifican las tres propiedades:

1) I (x, x) = 1, para todo x de X; 2) I (x, y) = I (y, x), para todo par x, y de X; 3) T (I (x, y), I (y, z)) ≤

I (x, z), para toda terna x, y, z de X, con T una adecuada operación que represente la conjunción lingüística «y».

La anterior función I (x, y) = 1 - |x - y| verifica (1) y (2) obviamente. En cuanto a (3), basta tomar T = max (0, sum – 1), para que su primer miembro sea max (0, 1 - |x - y| - |y - z|) que, siendo |x - y| + |y - z| ≤ |x - z|, implica que la anterior fórmula sea menor o igual que max (0, 1 - |x – z|) = 1 - |x - z| = I (x, z) y, por tanto, también se verifique (3) con esa operación de conjunción T.

13.3. Diseño de operador de indistinguibilidad a través de una distancia

Nótese que el mismo razonamiento anterior muestra *mutatis mutandis* que I (x, y) = 1 – d (x, y) es, con cualquier distancia d, un operador de indistinguibilidad con aquella misma operación T. Así, en [0, 1] lo es I (x, y) = 1 - $(x^2 + y^2)^{1/2}$, operador con el cual la función de pertenencia de «grande» es 1 – $(1 + x^2)^{1/2}$, la de «pequeño» es 1 – x, y la de «mediano» o «alrededor de ½» es 1 – $(x^2 + ¼)^{1/2}$.

Como siempre, el modelo que se elija para representar la indistinguibilidad perceptiva llevará a funciones que pueden ser substancialmente distintas a las dadas por otro modelo.

Ello resalta, de nuevo, la importancia de efectuar un cuidadoso diseño de las funciones que deban intervenir. Por ejemplo, como sea que la operación T (a, b) = max (0, a + b – 1) presenta divisores de cero,

$$T (a, b) = 0 \Leftrightarrow a + b \leq 1, \text{ con } a > 0 \text{ y } b > 0,$$

de elegir un operador del tipo «1 – distancia», hay que asegurarse que la conjunción «y» de la transitividad no es incompatible con la existencia de divisores de cero; que hechos como T (1/3, ½) = 0 son aceptables.

14. HAGAMOS CIENCIA: MEDIR Y LOS VALORES DE UNA MEDIDA

14.1. Medidas de significados

La famosa frase de William Thompson, Lord Kelvin, (1824-1907),

Lo que no se define, no se puede medir. Lo que no se mide, no se puede mejorar. Lo que no se mejora, siempre se degrada,

considerada enunciando la demarcación de lo que puede considerarse científico y, a veces, resumiéndola en la frase más breve,

Si no lo puedes medir, no es ciencia,

que, sin embargo, no es de Lord Kelvin, muestra la relevancia de basar la teoría de los conjuntos borrosos en las medidas del significado. Esto es, en las *magnitudes escalares* $(X, <_{mP}) = \mathbf{P}^{med}$, que se pueden diseñar una vez se ha fijado la *magnitud básica*, el grafo $(X, <_{p}) = \mathbf{P}$ y conocidos la situación y el contexto que envuelvan al correspondiente problema.

En tal planteamiento hay, sin embargo, un aspecto que, forzado por la práctica, merece discusión, debate: Es de manera distinta a cómo cabe afirmar que la distancia entre dos puntos A y B de un plano cartesiano es 29.5 cm, que la diferencia de potencial de la corriente eléctrica es de 230 voltios, o que la velocidad de escape de La Tierra desde el nivel del mar es 11.19 km/segundo, etc., que cabe afirmar el significado del enunciado «Juan es joven' mide 0.80». Una afirmación sólo basada en capacidades perceptivas, limitadamente empíricas; algo que aún no está domesticado científicamente.

14.2. Asignación de las medidas por un número

Nótese que en el valor 0.80 no se indican «unidades»; simplemente basado en comparaciones con casos extremos y, tal vez, medios, se carece de instrumento físico de medición alguno. No existe nada parecido al «metro patrón», ni al voltímetro; por ello, la percepción de hasta dónde Juan es joven puede quedar limitada fácilmente a una afirmación imprecisa como «anda cerca del 80%», está alrededor de 0,80. Es decir, que frecuentemente no es posible ir más allá de «el significado de Juan es joven mide alrededor de 0.80»; lo cual puede llevar a suponer que la medida m_{joven} (Juan) sea, en sí misma, un «número borroso» en lugar de uno clásico.

Sin embargo, es un cambio de rango de valores de la medida que tropieza con el problema (operativo) creado por las «inseguridades» en la ordenación (especialmente) y el cálculo con números borrosos, tema del cual y no obstante, se tratará algo más adelante.

Con todo, un tal cambio de rango de valores no es algo que sea, en lo más mínimo, raro; tanto en la física de la electricidad, como en la física cuántica aparecen magnitudes que en lugar de medirse con números reales, se miden con números complejos y como es, por ejemplo, el caso de la impedancia eléctrica. Son casos, no obstante, en los cuales las componentes del número complejo tienen una interpretación teórica de la que, en principio, carece el anterior número borroso «alrededor de 0.80» que aparece por la dificultad perceptiva para fijar un valor seguro en el entorno de 0.80.

14.3. Asignación de medidas por un intervalo

Debe notarse, entretanto, que tal cambio del rango de valores, de la escala de medición, no afecta a **P**, al conjunto borroso, sino al conjunto borroso de trabajo $\mathbf{P}^{med}$.

Es, por tanto y en principio, incorrecto llamar a **P** un «conjunto borroso de tipo dos» cuando se mide con números borrosos puesto que lo único que cambia son los valores de la función de pertenencia. De querer conservar esa denominación, tal vez debería quedar limitada a «conjunto borroso de trabajo de tipo dos», o mejor a «función de pertenencia de tipo dos».

Cuando con algo más de precisión, pueda afirmarse que la medida está entre 0. 75 y 0. 85 (al fin una forma de aproximar «alrededor de 0.8»), entonces bien puede definirse m_{joven} (Juan) = (0. 75, 0. 85), bien m_{joven} (Juan) = 0.75 + 0.85i, o bien m_{joven} (Juan) = la función igual a cero antes de 0.75 y después de 0. 85, y a uno entre 0.75 y 0.85, según que los cálculos puedan hacerse con la aritmética de intervalos, la de los números complejos, o la de funciones, casos en los cuales la ordenación de esos elementos está aceptada, se conoce.

¿Cuál rango de valores debe elegirse? Es una pregunta que carece de más respuesta que «Depende»; depende de la información que se tenga de la medida en el punto (Juan, en el ejemplo), de la capacidad de percibirla lo más exactamente posible, del tiempo disponible para intentar plantear y resolver el problema, etc. Por ejemplo, si la percepción inicial lleva a «alrededor de 0.8», una inspección más fina puede modificarla a «entre 0.70 y 0.83» que, finalmente, puede ser suficiente dejarla en 0.81 que, de ser las centésimas innecesarias podría quedarse finalmente en 0.8. Hay ocasiones en las cuales con paciencia y tiempo se llega a un valor numérico aceptable.

14.4. Atención al diseño

Como una norma general, el diseño (que debe ser, como ya se dijo, lo más cuidadoso posible), no debe hacerse de forma «express»; el diseñador o diseñadora debe tomarse el tiempo necesario para adquirir tanta información como le sea posible. El adjetivo «cuidadoso» obliga a la diseñadora o al diseñador a no correr innecesariamente.

15. ¿UNA ARITMÉTICA BORROSA?

15.1. Extensión de la aritmética con números reales

Al igual que las operaciones con los números complejos preservan las de los números reales, como el cálculo con conjuntos borrosos lo hace con el cálculo con conjuntos clásicos, es conveniente contar con operaciones con los «números borrosos» (una vez se los defina), tales que cuando esos números se reduzcan a los clásicos, se reproduzcan los resultados correspondientes.

No sólo eso, sino que esas nuevas operaciones respeten intuiciones como es, por ejemplo, que «alrededor de 0.8» *más* «alrededor de 0.1» sume «alrededor de 0.9». Como con los complejos, con los números borrosos debe definirse qué son su suma, resta, producto y división, de forma que extiendan el caso clásico.

15.2. Extensiones de operaciones con números reales

En el caso clásico, «extensión» se refiere a transformar una operación * con números reales, $*: R \times R \rightarrow R$, en otra

$$*^{\wedge}: R^{[0,1]} \times R^{[0,1]} \rightarrow R^{[0,1]}, \text{ entre funciones } [0, 1] \rightarrow R.$$

La forma usual de hacerlo es mediante $(f *^{\wedge} g)(x) = f(x) * g(x)$, para cada par de funciones f, g y todo x de [0, 1].

Para llegar a lo insinuado en la subsección anterior veamos, en primer lugar, cómo una función $f: X \rightarrow Y$ se «extiende» naturalmente a otra función $f^{\wedge}: \{0, 1\}^X \rightarrow \{0, 1\}^Y$, asociando a cada función del primer conjunto, una del segundo:

Si $A \subseteq X$, entonces su imagen en Y por f, es

$$f(A) = \{y \in Y;\ y = f(x), \text{ con } x \in A\},$$

conjunto cuya función característica en Y, dependiente de la de A en X, es

$$\chi_{f(A)}(y) = \text{Sup}_{x \in A} \{\chi_A(x)\ ;\ x = f(y)\},$$

que vale 1 si existe un tal $x \in A$, y 0 en otro caso. Con ello, se dispone de la función «extendida» F tal que F (A) = f (A). Nótese que χ_A no es sino la medida (rígida) del significado en X de la palabra que especifique A, y $\chi_{f(A)}$ la medida del significado de la palabra que especifique f (A) en Y.

15.3. Dos ejemplos

Dicho todo eso, si en lugar de las partes clásicas de X, $\{0, 1\}^X$, se consideran sus partes borrosas dadas por sus conjuntos borrosos de trabajo, es decir todas las funciones en $[0, 1]^X$, la anterior fórmula se transformará en:

$$F(\mathbf{P}^{med})(y) = \text{Sup}_{x \in A} \{m_P(x); f(x) = y\}, \text{ para todo } y \in Y,$$

que, si **P** es una parte rígida, un subconjunto de X, reproduce el resultado clásico anterior. Veamos un par de ejemplos:

a) Sean, la función f: [0, 10] → [0, 1], dada por f (x) = 1 – (x/10), y el conjunto borroso de los números grandes (G) entre cero y diez, cuya medida lineal es $m_G(x) = x/10$.

La extensión mediante f, del conjunto borroso $\mathbf{G}^{med}$ a [0, 1], es

$$F(m_G)(y) = \text{Sup}\{x/10, x \in [0, 10], y = 1 - (x/10)\} = 1 - y.$$

La función f extiende «grande» en [0, 1] a «pequeño» en [0, 1]. Nótese que al ser Y = [0, 1] ⊆ [0, 10] = X, en lugar de una extensión lo que se ha obtenido es una restricción.

b) Sean, X = {1, 2, 3, 4}, Y = {a, b, c}, f: X → Y dada por f (1) = f (2) = a, f (3) = f(4) = b, y el conjunto borroso **P** en X cuya función de pertenencia es $m_P = 1/1 + 0.4/2 + 1/3 + 0.7/4$.

Entonces, la extensión de **P** por f se obtiene así:

$$F(m_P)(a) = \text{Sup}\{m_P(x); x \in f^{-1}(a)\} = \max\{1, 0.4\} = 1;$$

$$F(m_P)(b) = \max\{1, 0.7\} = 1;$$

$$F(m_P)(c) = 0, \text{ puesto que } f^{-1}(c) = \varnothing.$$

Por lo tanto, F (**P**) = 1/a + 1/b + 0/c, es decir, F (**P**) = {a, b}. El conjunto borroso se extiende a uno nítido. El ejemplo muestra que una propiedad imprecisa puede extenderse a una precisa.

Ese tipo de extensión, o tal vez mejor de restricción, se observa en el lenguaje cuando, por ejemplo, la palabra «grande» en el intervalo unidad se restringe al subconjunto de las décimas {0, 0.1, 0.2, 0.3, ..., 0.7, 0.8, 0.9, 1.0} como «mayor o igual que 0.8». Es decir, que el conjunto borroso de etiqueta «grande» y función de pertenencia $m_{grande}(x) = x$, se restringe al subconjunto nítido [0.8, 1]. También debe notarse que cuanto se ha dicho en este apartado es «de trabajo », requiere el uso de las medidas correspondientes.

15.4. Números borrosos

¿Cómo puede representarse matemáticamente, domesticar si se quiere, el concepto intuitivo de «número borroso»? Una operación con números reales no es otra cosa que una función f: R x R → R que puede extenderse a operaciones entre conceptos imprecisos representados por conjuntos borrosos y entre los cuales están los llamados números borrosos como es, por ejemplo, aquel con etiqueta lingüística «alrededor de cinco» y cuya función triangular de pertenencia puede estar más o menos concentrada alrededor de la recta vertical x = 5, es decir, estar más o menos dispersa a su alrededor.

Un número borroso es un conjunto borroso en la recta real, en el cual un número juega el papel esencial de no sólo pertenecer por completo al conjunto borroso sino de acumular a su alrededor aquellos números que le pertenecen con grado positivo. Una definición generalmente aceptada de *número borroso* es la siguiente:

Un conjunto borroso **r** de la recta real R, especificado por una magnitud escalar (R, $<_r$, m_r), se dice que es un número borroso $\mathbf{r}^{med}$, si,

1) Es $<_r$ = ≤, el orden lineal de la recta real R.

2) Existe un intervalo [a, b] en R tal que contiene al número r y para todo x en [a, b] es m_r (x) = 1.

3) Existe una función I:(-∞, a}→[0, 1], creciente y con la cual es I (x) = m_r (x) para todo x en (-∞, a}.

4) Existe una función D: [b, +∞) →[0, 1], decreciente y con la cual es D (x) = m_r (x) para todo x en [b, +∞).

Nótese que ni I, ni D, deben ser necesariamente monótonas en sentido estricto y, por ello, podrían valer cero antes de a y después de b, con lo que el número borroso se reduciría al intervalo clásico [a, b]; si, además, fuese a = b =r, se reduciría al número clásico r. Usualmente, se considera (aunque ello no es en absoluto necesario) que tanto I como D tienen gráficas lineales, es decir, que la función de pertenencia o medida m_r es triangular.

He aquí, como un simple ejemplo, una posible función de pertenencia al número borroso **5** = 'alrededor de 5':

$$m_5 (x) = 0, \text{ si } x \in (-\infty, 4) \cup (6, +\infty)$$

$$m_5 (x) = x - 4, \text{ si } x \in [4, 5]$$

$$m_5 (x) = 6 - x, \text{ si } x \in [5, 6].$$

Nótese que es m_5 (5) = 1 y que la función es continua en toda la recta real R = (- ∞, +∞). Nótese también que la gráfica de m_r no debe ser, necesariamente, simétrica respecto de la recta vertical x = r como lo es en el ejemplo anterior con **5**.

15.5. Suma de números borrosos

Como un ejemplo, sumaremos consigo mismo el número borroso **3**, alrededor de 3, al que se supondrá especificado por la función de pertenencia m_3 definida mediante [a, b] = [3. 3] = {3}, I (x) = x – 2, y D (x) = 4 – x, que es triangular, simétrica alrededor de x = 3 y muestra una «dispersión» de una unidad alrededor de ese valor.

Para encontrar la suma **3 + 3**, es decir para calcular

$$(m_3 + m_3) (t) = \text{Sup}_{\,t=x+y} \min (m_3 (x), m_3 (y)),$$

Basta proceder como sigue:

a) Si t < 4 y t > 8 ⇔ x + y < 4, x + y > 8, debe ser $(m_3 + m_3)(t) = 0$.

b) Si t = x +y = 6, debe ser $(m_3 + m_3)$ (6) = 1.

c) Si t ∈ [4, 6], I_{3+3} corresponde al segmento uniendo los puntos (4, 0) y (6, 1), es decir, I_{3+3} (x) = (x – 4)/2.

d) Si $t \in [6, 8]$, D_{3+3} corresponde al segmento uniendo los puntos (6, 1) y (8, 0), es decir, $D_{3+3}(x) = (8 - x)/2$.

Así, pues, $m_3 + m_3$ es la función triangular con valor 1 en x = 6 y con una dispersión de dos unidades alrededor de ese valor. Cabe identificarla como la función de pertenencia al número borroso 'alrededor o cerca de seis'; es **3** + **3** = **6**.

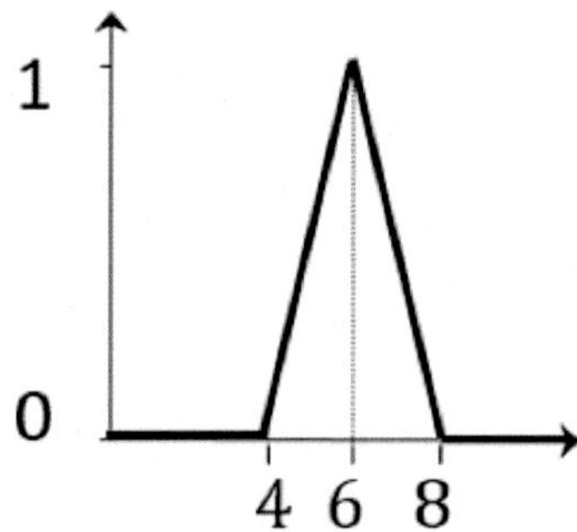

Figura 9. Conjunto suma

15.6. Producto y cociente de números borrosos

Como se acaba de ver, la suma de números borrosos hace que cada vez el resultado central, el número que les da nombre, es más incierto. Para continuar el ejemplo, veamos los resultados correspondientes a la multiplicación y la división:

- $(m_3 \times m_3)(t) = \sqrt{t} - 2$, si $t \in [4, 9]$; $4 - \sqrt{t}$, si $t \in [9, 16]$; 0 en otro caso.
- $(m_3 : m_3)(t) = (4t-2)/(t+1)$, si $t \in [1/2, 1]$; $(4-2t)/(t+1)$, si $t \in [1,2]$; 0 en otro caso.

Ambos muestran que, como era de esperar, cabe identificarlos como «alrededor de 9» y «alrededor de 1», respectivamente; es **3** . **3** = **9** y **3** /**3** = **1**, pero, sin embargo, las respectivas funciones I y D, no son líneas rectas, ni son simétricas respecto de las verticales x = 9 y x = 1 y, además, con dispersiones en los intervalos [4, 16] y [1/2, 1], es decir con desviaciones de 12 y 1,5 unidades.

Como sea que la relevancia de las anteriores operaciones reside, mayormente, en las aplicaciones en las que es fundamental calcular, no puede ser extraño, o verse como tal, que la aritmética con números borrosos esté centrada en los «números borrosos de trabajo».

16. MIRADA AL RAZONAMIENTO HUMANO

16.1. Razonamiento de sentido común

Una de las más exitosas aplicaciones de la lógica borrosa se ha producido, como se ha mencionado, aplicándola a aquellos sistemas dinámicos cuyo comportamiento puede ser descrito mediante un sistema de reglas imprecisas, es decir, enunciados lingüísticos condicionales «Si p, entonces q» con, por lo menos uno de los enunciados p y q impreciso y describiendo cuanto se sabe sobre el funcionamiento del sistema físico.

Se trata de un ejemplo de razonamiento de sentido común, análogo a aquel con el cual se decide cómo sostener un palo verticalmente en la palma de la mano, sin más que someterse a reglas tan simples como es, por ejemplo, «Si el palo cae hacia adelante, muévase la mano hacia adelante», etc. Se trata del control del palo, de mantenerlo en posición vertical y se consigue con sólo mover ligeramente la mano atrás o adelante.

El razonamiento, que no es sino pensamiento dirigido a un objetivo y que no debe confundirse con el pensamiento libre, está íntimamente ligado al lenguaje y requiere la voluntad del sujeto razonador. En tanto el pensamiento libre es autónomo y no es siempre lingüístico, sino muchas veces simplemente figurativo, con imágenes y colores, el razonamiento se produce en el lenguaje y se expresa mediante el mismo. Se razona para, contando con información acerca de algo físico o virtual, inferir bien lo que será luego, o bien explicar lo conocido; prever o averiguar el porqué de algo. No se puede razonar sin algún conocimiento; no se puede razonar *ex nihilo.*

Un ejemplo típico de razonamiento de sentido común es aquel que conduce a comprar un billete de Lotería cuando no es posible, en absoluto, asegurar que va a tocarle el premio mayor y ni siquiera uno tan menor como la devolución del coste. Cuando, además, la probabilidad de que a ese número vaya a tocarle un premio significativo es muy pequeña y, por tanto, lo más probable es que los euros que cueste el billete se pierdan a cambio de nada. ¿Por qué se juega?

Porque se «conjetura» que tendrá un buen premio al no poder refutar que no vaya a tenerlo. Lo cierto es que, además, la mayor parte del conocimiento que se tiene sobre el mundo es un tejido de conjeturas de diversos tipos y como de hecho se sabe desde tiempo tan antiguo como el de Jenófanes de Colofón, siglo V AC, Nicolás de Cusa, siglo XV y, más recientemente, Karl R. Popper, en el siglo XX.

Veamos cómo puede formalizarse todo ello en un modelo matemático muy simple que se ha venido en llamar el «esqueleto» del razonamiento de sentido común.

16.2. Tipos de razonamientos

Si cuanto se conoce se resume en un enunciado p, llamado la «premisa», y en otro q lo que se busca (la «conclusión»), entonces en el caso de prever es «Si p, entonces q» y en el de explicar es «Si h, entonces p», lo cual, y simbólicamente se escribirá, respectivamente, $p < q$ y $h < p$.

Cualquier proceso conducente de la premisa p a la conclusión q, sea adelante ($p < q$) o sea atrás ($q < p \Leftrightarrow p <^{-1} q$), se llama «inferir» o «inferencia»; está claro, por tanto, que la relación binaria y condicional, $<$, que representa los enunciados condicionales, es fundamental en el razonamiento. Las reglas que éste pueda seguir se referirán, pues, a $<$.

Cuando el razonamiento es adelante, $p < q$, la conclusión q se llama una «consecuencia» de p y si es hacia atrás, $p <^{-1} h$, se dice que h es una «hipótesis» de p. La inferencia conducente a buscar consecuencias se llama «deducción» y la conducente a buscar hipótesis se llama «abducción». Nótese que, en la nomenclatura antigua, la premisa se llamaba la «tesis» con lo cual lo que estaba antes de ella por inferencia, se llamó hipótesis.

El razonamiento puede verse como lenguaje en acción; es uno de los trabajos que desempeña el («multiempleado») lenguaje natural. Además, siendo el razonamiento el «instrumento» con el cual todas las personas pueden decidir sus acciones, cabe considerarlo como parte del patrimonio inmaterial de la Humanidad y, como tal, merece ser estudiado y defendido.

Si el estudio del pensamiento, como fenómeno natural producido en el cerebro, corresponde a las Neurociencias, el razonamiento, que es necesariamente y por lo menos en parte regulado, sigue algunas reglas, puede ser formalmente estudiado a partir de un modelo matemático traduciendo a fórmulas las reglas esenciales que se hayan observado empíricamente.

16.3. El papel del lenguaje en el razonamiento

Para vivir no sólo se requiere todo el lenguaje, sino que la vida lo expande continuamente. Sin embargo y como ya notó Bertrand Russell a comienzos del siglo XX, las matemáticas se construyen con sólo una parte, relativamente pequeña, del lenguaje; bastan unas pocas palabras para ello. Luego, las matemáticas también expanden el lenguaje, aunque lo hacen, mayormente, con palabras nuevas (o antiguas pero dotadas de un nuevo significado), que se usan en las mismas matemáticas.

Por tanto, un modelo matemático que potencialmente pueda contener, por lo menos, algunos tipos de razonamiento y el de las matemáticas entre ellos, aún podrá construirse con menos palabras; de hecho, bastan las «no», «y», «o», así como algunos conceptos como es el de enunciado condicional representado por la relación $<$. Como se ha venido haciendo hasta aquí, simbolizaremos la conjunción «y» por un punto (·), la disyunción «o» por una cruz (+) y la negación «no» por una comilla (‘).

He aquí las leyes que caracterizan el razonamiento de sentido común u ordinario, aquel con el cual las personas tratan los asuntos de cada día y toman las decisiones que corresponden:

1) Para todo enunciado p es $p < p$; es decir, la relación $<$ es reflexiva.

2) Si p es la premisa de un razonamiento, p no puede verificar $p < p'$; es decir, no se aceptan premisas que sean auto-contradictorias.

3) Dado p y conocido que es $p < q$, también se tiene q:

$$[(p \cdot (p < q)) < q];$$

es decir, la relación $<$ verifica la regla MP.

4) $(p < q) < (q' < p')$; es decir, la negación invierte la relación de inferencia.

5) $p \cdot q < p$, y $p \cdot q < q$; es decir, la conjunción es una hipótesis de los dos enunciados que se conjunten.

6) $p < p + q$, y $q < p + q$; es decir, la disyunción es una consecuencia de los dos enunciados que se vayan a disyuntar.

Estas seis leyes se consideran «universales», son axiomas siempre válidos y cualquier otra ley que pueda requerirse para llegar a alguna conclusión será una «ley local» añadida a éstas. Por ejemplo, para que se verifique siempre $p \cdot q < p + q$, cabe suponer que se verifica la ley transitiva de < $[((p < q) \cdot (q < r)) < (p < r)]$ localmente y en la terna de enunciados $(p \cdot q, p , p + q)$; en efecto:

Por (5), es $p \cdot q < p$ y por (6) es $p < p + q$. Por lo tanto, resulta $p \cdot q < p + q$.

Como sea que la relación condicional < no se entiende siempre de la misma manera en el lenguaje, como se ha visto reiteradamente en los estudios de psicología cognitiva, sino que el enunciado condicional Si/entonces se interpreta de manera distinta según sean el enunciado y su contexto, es preferible tener por primitiva a esa relación y, en cada caso, interpretarla como mejor convenga. Por ejemplo, si en la lógica clásica de enunciados (rígidos) $p < q$ se interpreta como el enunciado incondicional $p' + q$, en la lógica de la física cuántica lo hace como $p' + p \cdot q$, o como $q + p' \cdot q'$, y en el razonamiento del control borroso por $p \cdot q$, en el bien entendido que la conjunción copulativa $(\cdot)$ no siempre es conmutativa, que no siempre es $p \cdot q = q \cdot p$. En general, no es $p < q \Leftrightarrow q < p$.

Una razón para la elección de $p \cdot q$ como representación de $p < q$, es que no pueda ser p' sino que necesariamente sea p; así, en el primer caso anterior, si es p en lugar de p', es $p \cdot (p' + q) = p \cdot p' + p \cdot q = 0 + p \cdot q = p \cdot q$, en virtud de las muchas leyes adicionales al esqueleto que tienen las álgebras de Boole, modelo matemático indiscutido del cálculo lógico con enunciados precisos.

Debe observarse que conocido p no siempre existe p' en, por lo menos, el ámbito de lenguaje que se esté manejando; así sucede, por ejemplo, en el lenguaje de programación conocido por *Prolog.* Sin embargo y salvo si se advierte lo contrario, en lo que sigue siempre se supondrá que la negación existe y se conoce.

16.4. La relación proporcionada por el razonamiento

El axioma (1) asegura que la relación < no es vacía y el (3) que es «efectiva», es decir, que la conclusión es realmente alcanzable por inferencia. Ese axioma permite, junto con el (4), que < también cumpla la llamada regla MT:

$$q' \cdot (p < q) < p'.$$

En efecto, $q' \cdot (p < q) \Rightarrow q' \cdot (q' < p') \Rightarrow p'$. Los acrónimos MP y MT provienen de abreviar los nombres latinos *Modus Ponens* y *Modus Tollens*, provenientes de, y ya abreviando, las expresiones medievales *Modus Ponendo Ponens* y *Modus Tollendo Tollens* que indican, respectivamente, los modos de poner el consecuente una vez puesto el antecedente o premisa (afirmarlos), y el de quitar el antecedente tras quitar el consecuente (negarlos).

Debe observarse que los axiomas (5) y (6) ni siquiera implican $p \cdot q < p < p + q$ y $p \cdot q < q < p + q$, que p y q estén entre $p \cdot q$ y $p + q$, una propiedad que, como se ha visto, puede derivarse en la hipótesis que < sea transitiva en las ternas $(p \cdot q, p, p + q)$ y $(p \cdot q, q, p + q)$. Por lo tanto, la estructura que con los seis axiomas tienen los conjuntos de enunciados, no es un retículo ya que no puede asegurarse ni que $p \cdot q$ sea el mayor elemento por debajo (respecto de $<$) de ambos p y q, ni que $p + q$ sea el menor por encima.

Por lo tanto, en el razonamiento de sentido común, la estructura de retículo, tan cara a los lógicos, es, de existir, local pero no universal. Se trata de una estructura que implica una gran rigidez en los conjuntos de enunciados que la muestren, una rigidez que no liga bien con la gran flexibilidad del lenguaje natural; una rigidez que puede llegar a ser *rigor mortis*, e impedir el trabajo de raciocinio del lenguaje, el razonamiento de sentido común u ordinario.

16.5. Conjeturar

Cuanto se ha dicho hasta aquí permite no sólo definir los conceptos de *refutación* y *conjetura*, sino clasificar la segunda en tres tipos.

Un enunciado r refuta una premisa p, es una refutación de p, si es $p < r'$. Un enunciado q es una conjetura desde p, si no es $p < q'$, si q no refuta p, lo que escribiremos en la forma $p </ q'$. Por lo tanto y de forma obvia, cualquier conclusión no puede ser sino bien una refutación, o bien una conjetura; razonar no va más allá de refutar y conjeturar.

Por otra parte, dos enunciados p y q sólo pueden verificar $p < q$, $q < p$, ambas a la vez o ninguna de las dos; en el tercer caso se dice que p y q son equivalentes por inferencia y se escribe $p \sim q$ y en el cuarto que son incomparables u ortogonales por inferencia y se escribe $p \perp q$. Así, por ejemplo, en presencia de transitividad local donde corresponda, si r refuta a p es $p \perp r$; en efecto, si fuese $p < r$, de $r' < p'$ y de $p < r'$ seguiría, si la terna (p, r', p') es transitiva, $p < p'$ que es absurdo de acuerdo con el axioma (2). *Mutatis mutandis* se procede si fuese $r < p$.

Dicho esto, se plantea una pregunta inmediata, ¿cabe conjeturar que q sea una consecuencia o una hipótesis de p? La pregunta, que no es insensata, proviene de la práctica (científica, por lo menos), de suponer que q es una consecuencia o una hipótesis antes de, por ello, intentar probarlo. Veámoslo.

1) Si $<$ es localmente transitiva donde corresponda, toda consecuencia es una conjetura. En efecto, si es $p < q$ y fuese $p < q'$, como es $q' < p'$, la transitividad de $<$ en la terna (p, q', p') implicaría el absurdo $p < p'$. Por tanto, es $p </q'$.

2) Si $<$ es localmente transitiva donde corresponda, toda hipótesis no auto-contradictoria es una conjetura. En efecto, si es $h < p$ y $h </h'$, de ser $h < p'$ y siendo $p' < h'$, la transitividad de $<$ en la terna (h, p', h') implicaría el absurdo $h < h'$. Por tanto, es $h </ q'$.

3) Bajo transitividad, no hay pares de consecuencias contradictorias, que una refute la otra. En efecto, si $p < q$, $p < t$ y fuese $t < q'$, como es $q' < p'$, seguiría $t < p'$ y con ello el absurdo $p < p'$. Por tanto, no puede ser $t < q'$; ni, en particular, $q < q'$ o $t < t'$.

Se trata, la última, de una propiedad que no puede probarse con las hipótesis. De ellas es experiencia común que las hay que son contradictorias y, por tanto, de poderse probar su inexistencia se trataría de una seria inadecuación entre la teoría del razonamiento ordinario y la realidad, una inadecuación que invalidaría, falsaría, la teoría.

Obviamente, que bajo transitividad tanto consecuencias como hipótesis no auto-contradictorias sean conjeturas, no agota a éstas; cabe la existencia de conjeturas ortogonales a la premisa, es decir, enunciados s tales que $p </ s'$ y $p \perp s$. Tales conjeturas se llaman *especulaciones* desde p y pueden ser de dos tipos según la forma en que se cumpla la condición $p </ s'$:

- Especulaciones fuertes, si es $p \perp s$ y también $p \perp s'$,

- Especulaciones débiles, si es $p \perp s$ y $s' < p$.

16.6. Atención al diseño de la negación

En conclusión, si puede afirmarse que las consecuencias se encuentran mediante inferencia hacia adelante o deducción y las hipótesis mediante inferencia hacia atrás o abducción, ¿qué puede decirse sobre cómo se encuentran las especulaciones?

En cuanto a las débiles, siendo $s' < p$, su negación es una hipótesis de la premisa y, por tanto, existirá un camino de inferencia hacia atrás llevando a s' desde p. Sin embargo, resta el problema de cómo llegar por inferencia de s' a s, lo cual depende del tipo de negación que se esté manejando y que sólo puede ser de uno de los cuatro tipos siguientes:

1) $q < (q')' \sim q''$, de la que se dice que es *débil* en q;

2) $q'' < q$, *intuicionista* en q;

3) débil e intuicionista en q, $q'' \sim q$, *fuerte* en q;

4) ni débil ni intuicionista en q, $q'' \perp q$, *salvaje* en q.

Así pues,

- Si la negación es débil en s, bastará negar ese enunciado para obtener s'' y llegar a s por inferencia hacia atrás, por abducción. Se llega de p a s, negando s' y por medio de dos pasos abductivos sucesivos.

- Si la negación es intuicionista en s, bastará negarlo para obtener s'' y llegar a s por inferencia hacia adelante, por deducción. Se llega de p a s, negando s' y por medio de dos pasos sucesivos, uno abductivo y el otro deductivo.

- Si la negación es fuerte en s, bastará negarlo y sin más se tendrá s ya que en ese caso es $s'' \sim s$.

Si la negación es salvaje en s, nada cabe afirmar sobre su obtención desde s'.

En el citado *Prolog*, por ejemplo, si conocido q existen q' y q'', entonces éste último verifica $q'' < q$: La negación es localmente intuicionista.

En cuanto a las especulaciones fuertes, su doble carácter ortogonal, $p \perp s$ y $p \perp s'$, impide un razonamiento como el anterior y, por ello, parecería que no cabe obtenerlas ni por abducción, ni por deducción. Parecería que son propiamente inductivas, que su búsqueda no es sino la misteriosa inducción que, escapando a la deducción, requiere la ayuda de alguna musa o divinidad, que deben buscarse «adivinando».

Realmente, ¿es así? Veamos un ejemplo sencillo en un álgebra de Boole finita (y, por tanto, atómica) con cinco átomos a, b, c, d, e y la premisa $p = a + b + c$. Es obvio que suprimiendo átomos de los que constituyen p se obtienen hipótesis: $h_1 = a + b$, $h_2 = a + c$, $h_3 = b + c$, $h_4 = a$, $h_5 = b$, $h_6=c$, ya que siempre es $h_i < p$. Por el contrario, añadiendo átomos se obtienen consecuencias: $c_1 = p$, $c_2 = p + d$, $c_3 = p + e$, $c_4 = p + d + e$, ya que siempre es $c_i < p$. Con ello, está claro que si a la vez se añade y quita algún átomo se obtienen elementos ortogonales a p, por ejemplo, $s = a + b + d$, verifica $p \perp s$ y como es $s' = c + e$ también es $p \perp s'$, es decir, s no es sólo ortogonal a la premisa sino que es una especulación fuerte. Nótese que s se ha obtenido mediante el siguiente zigzag de inferencia: $s = a + b + d > a + b < p$; se llega a la especulación fuerte mediante un camino mixto desde p y que consta de movimientos hacia atrás y hacia adelante. Es una especie de movimiento browniano alrededor de la premisa.

De la misma manera, si $p = a + b$, entonces el camino mixto:

$$a + d > a < a + b,$$

lleva a $s = a + d \perp p$, s es ortogonal a p. Además, $s' = b + c + e$ muestra que es $s' \perp p$: s es una especulación fuerte desde p.

Es más, como es $a < a + b = p$, $s' = a$ implica $s = b + c + d + e$ que, siendo $s \perp p$, hace ver que s es una especulación débil desde p.

Finalmente, está claro que siempre que se consideren elementos que sean la disyunción de otros, los caminos mixtos en zigzag, el movimiento browniano alrededor de la premisa, facilita especulaciones tanto fuertes como débiles.

Ello y realmente, está pendiente de prueba, pero haremos la hipótesis que el razonamiento ordinario no es más que ese movimiento en zigzag alrededor de p, el cual cuando sólo consta de pasos adelante da consecuencias, si sólo consta de pasos atrás da hipótesis y cuando consta de pasos atrás y adelante o adelante y atrás da elementos ortogonales y, de entre ellos, las especulaciones tanto débiles como fuertes.

Está claro, por otra parte, que de contarse con un número grande de átomos, entonces habrá muchos caminos mixtos posibles, los zigzag de inferencia son muchos. Incluso y en el caso de programarlos informáticamente, puede darse una tal explosión combinatoria que no permita la computación efectiva de todas las especulaciones.

Con todo, si cabe organizar los enunciados dando la información disponible sobre la premisa, o parte de los mismos, en un álgebra finita de Boole sin demasiados átomos, entonces algunas especulaciones podrán encontrarse sin demasiadas dificultades; es algo que, probablemente, hacen las personas y, de manera especial, cuando consiguen seleccionar unos pocos enunciados que representen la información más relevante. Se trata de una actividad de razonamiento a la que refuerza la experiencia previa, la buena práctica realizada anteriormente.

17. EL CONTROL BORROSO COMO RAZONAMIENTO ORDINARIO

17.1. Inferencia borrosa con una regla

El llamado Control Borroso, en inglés *Fuzzy Control*, se basa en razonar con un sistema de reglas imprecisas del tipo «Si x es P, entonces y es Q», con x en un universo del discurso X en el que actúa la palabra P, e y en otro (o el mismo) universo Y en el que actúa Q. Por lo menos una de las dos palabras P y Q deben ser de significado impreciso y una regla típica es

«Si x es grande, entonces y es igual a 0.5»

con X = Y = [0, 1]. En lo que seguirá se va a suponer que el sistema de reglas traduce lingüísticamente el comportamiento del sistema físico y dinámico que se pretende controlar y como es el caso que se citó de mantener en posición vertical un palo en la palma de la mano o, alternativamente, mantenerlo verticalmente sobre una plataforma que pueda moverse adelante y atrás siguiendo las órdenes dadas por el ordenador que maneje las reglas y que, de propósito específico, recibe el nombre de «controlador borroso», en inglés, *Fuzzy Controller.*

Para controlar al sistema se requiere conocer en un momento determinado cuál es su situación. Por ejemplo, con respecto a un hipotético sistema funcionando de acuerdo con la regla anterior, el valor actual de x podría ser «x es muy grande» y, entonces, se trataría de conocer el de y. Veamos cómo se puede lograr; para ello, lo primero es transformar la regla «x es grande < y es 0.5» en una expresión matemática. Ello exige representar la relación < y asegurar que cumple el axioma MP; supondremos la interpretación conjuntiva, típica en el Control Borroso, es decir, (x es grande) · (y = 0.5) que, como se dijo, requiere una operación T representando la conjunción, así como las funciones de pertenecía de G = «grande» y «cero cinco = 0.5».

Suponiendo la medida lineal de «grande» en [0, 1], $m_G(x) = x$, así como la función característica del singletón {0.5} ($m_{0.5}(y) = 0$, si $y \neq 0.5$, $m_{0.5}(0.5) = 1$), el enunciado condicional, la regla, se representará por la expresión $T(x, m_{0.5}(y))$ =

$$T(x, 0) = 0, \text{ si } y \neq 0.5,$$

$$T(x, 1) = x, \text{ si } y = 0.5.$$

De tal expresión, representando la relación binaria <, debe comprobarse que verifica la propiedad MP, es decir,

$$T^*(m_G(x), T(x, m_{0.5}(y)) \leq m_{0.5}(y),$$

que tan evidente es si $y \neq 0.5$, como si $y = 0.5$ en que $T^*(x, 1) = x \leq 1$, sea cual sea la operación T*. La expresión es, por tanto, válida para representar la relación condicional de inferencia y permite responder la pregunta, ¿en qué estado se encontrará la variable y si la variable x es muy grande? Debe observarse que el sistema representado por la regla G < 0.5, es uno de dos variables x e y en el intervalo unidad que evolucionan siempre ligadas por aquella regla.

17.2. Inferencia borrosa con un sistema de reglas

Hagamos un inciso para plantear el problema de manera general y, a la vez, advirtiendo cuán extraño es un sistema regido por una única regla; tan extraño que, realmente, no se consideran sino aquellos que siguen por lo menos dos reglas.

Plantearemos el problema con dos variables x e y, dos reglas

«Si x es P_k, entonces y es Q_k» (k = 1,2),

siendo «x es P*» el estado en que se observa la variable x del sistema (el *input*) y buscándose cuál será el correspondiente estado de la variable y, sea «y es Q*»; Q* es por tanto la incógnita que se debe despejar (el *output*). He aquí los pasos a seguir:

1) Especificar, contextualmente, las medidas de P_1, P_2, Q_1, Q_2 y P*.

2) Interpretar como contextualmente corresponda los enunciados condicionales que son las dos reglas. Para ello, sean J_1 y J_2 dos funciones [0, 1] x [0, 1] → [0, 1], que las representen (como se ha hecho en el ejemplo). Es decir, $J_k (m_{Pk} (x), m_{Qk} (y))$, k = 1,2, representan a las reglas.

3) Encontrar T tal que se cumpla la propiedad MP: $T (a, J_k (a, b)) \leq b$, cualesquiera que sean a, b en [0, 1].

4) Escribir las ecuaciones correspondientes a

«x es P* » y «Si x es P_k, entonces y es Q_k» < «y es Q*», es decir,

$$T (m_{P*} (x), J_k (m_{Pk} (x), m_{Qk} (y))) \leq m_{Q*} (y),\ k = 1, 2,$$

y librarlas de la variable x:

$$\mathrm{Sup}_{x \in X}\, T (m_{P*} (x), J_k (m_{Pk} (x), m_{Qk} (y))) = \Delta_k (y) \leq m_{Q*} (y),\ k = 1,2.$$

5) Supuesto que las reglas funcionen una u otra, la disyunción de ambas vendrá representada por la función

$$\Delta (y) = \max (\Delta_1 (y), \Delta_2 (y)) \leq m_{Q*} (y),$$

cota inferior del resultado que se tomará como output del sistema.

Si las reglas funcionasen simultáneamente, una y otra, entonces la función Δ correspondería a la conjunción de las Δ_1 y Δ_2, sería su mínimo.

Veamos un ejemplo con X = [0, 1], Y = [0, 10], las dos reglas:

- Si x es grande, y = 2

- Si x es pequeño, y = 8

y el input «x es muy grande». Con las funciones de pertenencia $m_{grande} (x) = x$, $m_{pequeño} (x) = 1 - x$, m_2, m_8, y $m_{muy\ grande} (x) = x^2$, se obtienen las dos funciones

$$\Delta_1 (y) = \mathrm{Sup}_{x \in [0, 1]} (x^2 . (x . m_2 (y)) = 0, \text{ si } y \neq 2;\ 1, \text{ si } y = 2,$$

$$\Delta_2 (y) = \text{Sup}_{x \in [0, 1]} (x^2. ((1 - x) . m_8 (y)) = 0, \text{ si } y \neq 8; 2/3, \text{ si } y = 8.$$

Con lo cual, el output es

$$\Delta (y) = \max (\Delta_1 (y), \Delta_2 (y)) = 0, \text{ si } x \neq 2 \text{ o } y \neq 8; = 1, \text{ si } y = 2; 2/3, \text{ si } y = 8,$$

función que no indica claramente cómo llamar a Q*, más allá de parecer mostrar que Q* no es «muy grande».

17.3. Resultado de la inferencia: un número real.

Debe observarse que un output lingüístico como el anterior no le sirve a un ordenador para enviar un comando ya que necesita un output numérico. Es decir, en lugar de «y no es muy grande», o la fórmula correspondiente, se precisa un dato numérico del estilo y = 0. 6, por ejemplo.

¿Cómo transformar aquel output en un número? Las muchas maneras que se emplean para ello reciben el nombre, tal vez abusivo, de métodos de des-borrosificación (en inglés, *defuzzification*). La manera más sencilla con la función discreta «delta» acabada de obtener, es promediar los valores de y:

$$(1.\ 2 + 2/3.\ 8) / (2 + 8) = 22/30 = 0.74,$$

con lo cual se obtiene el resultado «si el input es muy grande, el output es 0.74» que, en efecto, no es muy grande.

17.4. Ejemplo

Finalmente, y para mostrar un método habitual para des-borrosificar outputs representados por una función continua, estudiemos el problema con las dos reglas,

- Si x es grande, y es pequeña

- Si x es pequeña, y es grande,

y el input «x es muy grande», con X = Y = [0, 1]. Será:

$$\Delta_1 (y) = \text{Sup} (x^2 . (x . (1 - y)) = 1 - y$$

$$\Delta_2 (y) = \text{Sup} (x^2 . ((1 - x). y) = 2y/3,$$

es decir, $\Delta (y) = \max (1-y, 2y/3) = 1 - y$, si $y \leq 3/5$; $= 2y/3$, si $y > 3/5$.

En casos como este se acostumbra a des-borrosificar la curva substituyéndola por el punto u que dé el centro del área que encierre con el eje de abscisas; es decir, el punto u tal que: $\int_0^u \Delta (y) = ½ \int_0^1 \Delta (y)$.

En el ejemplo, la mitad del área cubierta por la curva, dada por la segunda integral es 0. 833/2 = 0. 4165 y, por tanto, se obtiene la ecuación en la incógnita u: $\int_0^u \Delta (y) = 0.4165$, que equivale a:

$[y - y^2/2]_0^{3/5} + [y^2/3]_{3/5}^{u} = 0.4165 \Leftrightarrow (3/5 - 9/50) + (u^2/3 - 9/75) = 0.4165 \Leftrightarrow u^2 = 3\,(0.4165 - 3/5 + 9/50 + 9/75) = 3(0.4165 - 0.6 + 0.18 + 0.12) = 3.\ 0.1165 = 0.3495 \Rightarrow u = \sqrt{0.3495} = 0.5912$.

Por consiguiente, el output del sistema será y = 0. 5912, aproximadamente 0.6, que aparece como un balance entre los consecuentes de las dos reglas.

17.5. Caso particular

Finalizaremos esta sección con un comentario relevante al respecto de cuanto se acaba de hacer. Si el input es numérico, x = 0.7 por ejemplo, entonces el procedimiento anterior permite encontrar el valor que corresponde a y, y = 8 por ejemplo. Se obtiene así una función y = H (x) describiendo lo que el método anterior revela sobre el sistema cuyo comportamiento se haya descrito por una familia de reglas lingüísticas imprecisas. La función H aproxima a la y = G (x) que sea la teórica del sistema en el siguiente sentido:

Dados un sistema de reglas imprecisas describiendo lingüísticamente un sistema dinámico que obedece a una función y = G (x), y un $\varepsilon > 0$, existe un método para des-borrosificar, que facilita una función y = H (x) tal que

$$|H(x) - G(x)| \leq \varepsilon, \text{ para todo } x \text{ de } X.$$

Es decir, la función G que gobierna el sistema se aproxima uniformemente a partir de aquellas reglas y un método de des-borrosificación por la correspondiente función H. En realidad, ello es consecuencia de un teorema, cuya prueba, que se obvia, en un espacio métrico compacto no es inmediata, no es trivial en absoluto.

18. LA BORROSIDAD, VAGUEDAD MEDIBLE

18.1. El concepto de vaguedad

El concepto (filosófico) de «vaguedad» presenta la dificultad que aparece, usualmente, para, si P y Q son vagas, nombran conceptos vagos, afirmar que «P es menos vaga que Q». Es una idea que, como sabemos, es esencial para medir el concepto de vaguedad y, en buena parte, ello sucede por cuanto los filósofos no han podido definir qué es un concepto vago, no han podido pasar de describirlo. Están en un nada inútil trabajo empírico previo a toda posibilidad de domesticación científica. Pero siempre les ha faltado una visión desde conceptos previos que permita esa domesticación.

Sin embargo, si «la palabra P es vaga» puede entenderse como «la palabra P es imprecisa», el mismo concepto de vaguedad, cuando las palabras a las que se aplica son medibles, tienen significado medible, generan conjuntos borrosos, se traduce por el de borrosidad, por la vaguedad medible. Aquel concepto filosófico es así domesticado científicamente. Veámoslo.

18.2. Orden sharpened

El problema central es, como se ha dicho, definir cuando «P es menos borrosa que Q» ($P <_{borr} Q$), siendo ambas palabras medibles. Sean m_P y m_Q sus medidas respectivas y con ellas pasemos a ver las palabras a través de esas funciones de pertenencia olvidando cualquier otra representación, es decir, se considerará $m_P <_{borr} m_Q$, en lugar de $P <_{borr} Q$ y como se viene haciendo.

El adjetivo «borroso», como en «alto es una palabra borrosa», se aplica a palabras y, por tanto, la medida del enunciado «P es una palabra borrosa», podrá ser del tipo $m_{borr}(P) = F$ o m_P. Se trata, por tanto, de analizar cómo encontrar una tal función F que pueda permitir conocer cuán borrosa es P, en el universo y contexto que correspondan.

En cuanto a la relación binaria $<_{borroso\ que}$ equivalente a «P es más rígida que Q», se entenderá como la mayor proximidad de los valores $m_P(x)$ que los $m_Q(x)$, a 0 y 1; es decir, según sean m_P y m_Q más o menos cercanos a lo rígido.

$$m_P <_{borr} m_Q \Leftrightarrow m_P(x) \leq m_Q(x) \leq ½,\ ½ \leq m_Q(x) \leq m_P(x).$$

Así, la relación «menos borroso que»se establece entre los valores $m_P(x)$ y $m_Q(x)$ por medio del llamado orden «sharpened» (afilado, en español) del intervalo unidad:

$$a <_{sharp} b \Leftrightarrow a \leq b \leq ½,\ o\ ½ < b \leq a,$$

un orden parcial con máximo ½ y los dos minimales 0 y 1, así como con la fijación previa del umbral ½ de borrosidad. Por tanto:

$$m_P <_{borr} m_Q \Leftrightarrow m_P(x) <_{sharp} m_Q(x),\ \text{para todo } x.$$

Finalmente, una medida de la borrosidad de P, será una función $m_{borr}: X^{[0,1]} \rightarrow [0, 1]$ tal que:

1) $m_{borr}(m_P) <_{borr} m_{borr}(m_Q)$;

2) Si **½** es la función constantemente igual a ½, es m_{borr} **(1/2)** = 1;

3) Si **0** y **1** son las funciones respectiva y constantemente iguales a 0 y a 1, es m_{borr} **(0)** = m_{borr} **(1)** = 0.

Las medidas $m_{borr,}$ las medidas de borrosidad, también se llaman «entropías borrosas» debido a que la función con la que se define la conocida «entropía probabilística» de Shannon,

$$F(x_1, ..., x_n) = \sum_{k=1}^{k=n} x_k \ln x_k - (1 - x_k)\ln(1 - x_k),$$

también da una medida de borrosidad cuando el universo del discurso es discreto con n elementos, $X = \{x_1, x_2, ..., x_n\}$, ya que con ella, m_{borr} (P) = F o m_P verifica las tres propiedades anteriores.

Muchas son las expresiones matemáticas que permiten definir medidas de borrosidad. Lo son, por ejemplo, las de las formas:

1) $m_{borr}(m_P) = \sum_1^n (r_k \cdot S(m_P(x_k))$

2) $m_{borr}(m_P) = \max_{1 \leq k \leq n}(\min(r_k, S(m_P(x_k)),$

con números reales positivos $r_1, \dots, r_n$ y una función S: [0, 1] →[0, 1] tal que:

S(0) = S(1) = 0, máximo en x = ½, creciente entre 0 y ½ y decreciente entre ½ y 1.

Las dos funciones anteriores así como la F de Shannon, verifican, como no es difícil comprobar, los tres axiomas de una medida de borrosidad.

18.3. Comentario sobre los umbrales

Un primer comentario final en este breve apartado se referirá al «umbral» de borrosidad que se ha tomado igual a ½ por ser el punto medio del intervalo unidad que, además, es el punto fijo de la negación estándar N (x) = 1 – x, ya que N (x) = x ⇔ x = ½.

Sin embargo, tomar el punto medio como umbral parece indicar la existencia de una simetría entre los valores numéricos que, tanto de la observación directa, como de tomar otra función de negación, podría no ser la misma. Por ejemplo, de tomar $N(x) = \sqrt{(1 - x^2)}$, el punto fijo sería $x = \sqrt{0.5}$ y de tomar $N(x) = 1 - x^2$ sería la solución positiva de la ecuación $x^2 + x - 1 = 0$.

En general y supuesta la negación fuerte, es decir, de la forma $N(x) = f^{-1}(1 - f(x))$, con f un automorfismo de orden del intervalo unidad, el punto fijo es $x = f^{-1}(1/2)$. Sea cual sea la razón por la cual deba tomarse con otro umbral u ≠ ½, bastará considerar el orden «sharpened» del intervalo unidad con máximo en el punto u, con lo que deberá ser la función **u** constantemente igual a u, la que tendrá medida de borrosidad igual a 1 al ser la única función maximal, máxima.

El segundo comentario final tiene qué ver con la idea de proximidad a lo rígido que ha permitido especificar la relación «menos borroso que». Dada una función de pertenencia m_P al conjunto borroso de etiqueta lingüística P en X, el conjunto nítido más próximo al $\mathbf{P^{med}}$ es aquel **P*** definido como sigue y tras adoptar un umbral u de borrosidad:

1) Si $m_P(x) \leq u$, entonces $x \notin$ **P***; 2) Si $u < m_P(x)$, entonces $x \in$ **P***,

es decir, **P*** consta de aquellos puntos del universo del discurso en los que la función de pertenencia al conjunto borroso supera el umbral. Así, por ejemplo, el conjunto más próximo en [0, 1] al borroso de etiqueta lingüística «grande» y función de pertenencia $m_{grande}(x) = x$, bajo el umbral ½, es el intervalo (1/2, 1] y que, de adoptarse el umbral 2/3, sería (2/3, 1].

19. INTERPRETACIÓN «POSIBILÍSTA» DE LAS MEDIDAS

19.1. La Probabilidad en álgebras de Boole

El concepto clásico de probabilidad requiere que los elementos de los que pueda decirse que «son probables» y, consiguientemente, calcularles una probabilidad de que sucedan (prob), formen parte de un álgebra de Boole. Ello es así debido a la propiedad esencial:

$$\text{Si } p \cdot q = 0, \text{ entonces prob } (p + q) = \text{prob } (p) + \text{prob } (q),$$

llamada «ley aditiva» de la probabilidad y que proviene de la abrupta separación entre p y q mostrada por la condición $p \cdot q = 0$, que sean p y q incompatibles. Las otras dos propiedades de una probabilidad, prob (0) = 0, prob (1) = 0, muestran que en el único minimal (el mínimo 0) es nula y en el único maximal (el máximo 1) es la unidad; con ello, si la función prob fuese creciente respecto del orden booleano, sería una medida como antes se definieron. Lo es, en efecto:

Es $p + p' \cdot q = (p + p') \cdot (p + q) = 1 \cdot (p + q) = p + q$, cuyas dos componentes son disjuntas o incompatibles, puesto que $p \cdot (p' \cdot q) = (p \cdot p') \cdot p = 0 \cdot q = 0$, y $p \leq q \Leftrightarrow p + q = q$; entonces, prob $(p + q)$ = prob (p) + prob $(p' \cdot q)$, implica prob (q) = prob (p) + prob $(p' \cdot q) \geq$ prob $(p) \Leftrightarrow$ prob $(p) \leq$ prob (q). Es decir, gracias a las muchas leyes del álgebra de Boole, prob es una medida.

Debe notarse que la exigencia de la estructura booleana proviene de hechos necesarios como son los anteriores, y que prueban que al requerir la ley distributiva de la operación (+) respecto de la (·) debe efectuarse en el ámbito booleano.

Está claro, por tanto, que una probabilidad es una medida «que crece» de forma aditiva y requiere un álgebra de Boole como base. Ello plantea la pregunta, ¿cómo crecen las medidas del significado, las funciones de pertenencia a los conjuntos borrosos?

Para verlo es necesario hacer marcha atrás e introducir, brevemente, la llamada teoría de la posibilidad (de Lotfi A. Zadeh) que es, realmente, una teoría acerca de las medidas de posibilidad preservando la cadena «necesario => probable => posible», en el sentido de esas implicaciones pero no viceversa, ya que lo posible es mucho más que lo probable y esto que lo estrictamente necesario, así como que cabe caracterizar lo posible como aquello que no es no-necesario. De hecho, posible puede identificarse con contingente y, de la anterior cadena de implicaciones sigue, formalmente, la cadena: no posible => no probable => no necesario. Con más cosas no necesarias que no probables y más de éstas que no posibles.

19.2. Medidas de posibilidad

En cuanto a las medidas de posibilidad, su definición no exige que los enunciados constituyan un álgebra de Boole y, por ello, supondremos que, simplemente, tienen las propiedades del «esqueleto» con el añadido de que existen un enunciado mínimo **0** y otro máximo **1** de los cuales es fácil probar que, de existir, son únicos (en realidad, equivalentes por inferencia). En efecto, de haber dos mínimos $\mathbf{0}_1$ y $\mathbf{0}_2$, sería $\mathbf{0}_2 < \mathbf{0}_1$, así como $\mathbf{0}_1 < \mathbf{0}_2$ y, por lo tanto, sería $\mathbf{0}_1 \sim \mathbf{0}_2$, es decir, el mínimo es único desde el punto de vista de la inferencia. Es obvio que *mutatis mutandis* se prueba que, análogamente, si existe el máximo, éste es único desde el punto de vista de la inferencia.

Con ello, una medida de posibilidad es una función π asignando a cada enunciado un número en el intervalo unidad, $[0, 1]$, de manera que se verifiquen las tres propiedades:

1) $\pi(\mathbf{0}) = 0$;

2) $\pi(\mathbf{1}) = 1$;

3) $\pi(p + q) = \max(\pi(p), \pi(q))$, cualesquiera que sean los enunciados p y q.

Como consecuencia, ¿las funciones π así definidas son realmente medidas? Es una pregunta que requiere, en primer lugar, identificar la relación $<$ de inferencia para poder probar que de ser $p < q$, también sería $\pi(p) \leq \pi(q)$. Ello es obviamente así siempre que sea $p < q \Leftrightarrow p + q = q$, propiedad que no figura entre las del esqueleto y, por lo tanto, bien se añade como una ley universal, o bien se deja de lado la relación $<$ que origina el esqueleto y se cambia por la $<*$ definida de esa forma, $p <* q \Leftrightarrow p + q = q$, supuesto que cumpla las leyes del esqueleto. Entonces, siendo $\pi(p + q) = \max(\pi(p), \pi(q)) = \pi(q) \Leftrightarrow \pi(p) \leq \pi(q)$ indicando que, siendo $p <* q$, se trata de una medida.

Por consiguiente, una condición suficiente para que las funciones π puedan ser medidas, es que la relación de inferencia $<$ satisfaga la definición $p < q \Leftrightarrow p + q = q$.

Se trata de una propiedad válida tanto en los orto-retículos como en las álgebras de De Morgan (y, en particular, en los retículos orto-modulares y las álgebras de Boole), ya que en todas esas estructuras matemáticas, su orden parcial es el orden reticular subyacente, el cual la verifica por definición. También se cumple con los números del intervalo unidad, puesto que su orden total verifica $a \leq b \Leftrightarrow b = \max(a, b)$. No es, en absoluto, una propiedad que sea rara, pero no es una que quepa suponerla universal; sólo se verifica localmente en el lenguaje y en el razonamiento. Cuando se verifique, podrá asegurarse que las funciones π son medidas de posibilidad.

Resta aún una pregunta, ¿por qué esas funciones miden «cuán posible» es un enunciado? Para contar con una respuesta plausible basta aceptar que «la posibilidad del todo exige la de alguna de sus partes», que

p + q es posible $\Leftrightarrow$ p es posible o lo es q,

o, análoga y dualmente, que

«p + q no es posible, es imposible $\Leftrightarrow$ tanto p como q son imposibles».

19.3. Observaciones sobre medidas de posibilidad

Nótese que, así como la ley aditiva requiere la incompatibilidad de los dos sumandos p y q, que sea $p \cdot q = 0$, la tercera propiedad de las medidas de posibilidad no exige esa incompatibilidad. Ello las hace más indicadas para enunciados imprecisos cuyos conjuntos borrosos usualmente se entremezclan. En una estructura cercana a la de un rizoma, la separación absoluta, la partición, no es algo usual como lo es en el caso nítido.

Cuanto cabe decir respecto de su manera de crecer es que las medidas de posibilidad crecen por disyunción en lugar de hacerlo aditivamente como las de probabilidad. Además, y como sea que siempre es max (r, s) ≤ r + s, e incluso supuesto que p y q sean incompatibles, es

$$\pi (p + q) = \max (\pi (p), \pi (q)) \leq \pi (p) + \pi (q);$$

es decir, las medidas de posibilidad no son aditivas sino sólo sub-aditivas, la medida del todo nunca puede superar la suma de las medidas de sus partes.

Precisamente, en el caso de los orto-retículos la contradicción implica la incompatibilidad: $p < q' \Rightarrow p \cdot q < q' \cdot q = 0 \Rightarrow p \cdot q = 0$. Una implicación que sólo se vuelve equivalencia si el orto-retículo es un álgebra de Boole. En efecto, en tal caso, de $p = p \cdot q + p \cdot q' = 0 + p \cdot q' = p \cdot q'$, sigue inmediatamente $p < q'$.

Por lo tanto, en el ámbito de los orto-retículos, solamente en las álgebras de Boole no hay distinción alguna entre contradicción e incompatibilidad, entre refutación y «externalidad» que son, ahí, conceptos indistinguibles.

Por lo que se refiere a los conjuntos nítidos, observemos que en el caso finito, si $P = \{a_1, a_2, \dots, a_n\} = \{a_1\} \cup \{a_2\} \cup \dots \cup \{a_n\}$, es

$$\pi (P) = \max \{\pi (\{a_1\}), \pi (\{a_2\}), \dots, \pi (\{a_n\})\}:$$

La medida de posibilidad de un conjunto nítido finito coincide con la de aquellos elementos que lo integren y sean los más posibles de todos ellos.

19.4. Posibilidad condicionada

Con cuanto antecede en este apartado, se está ya en condiciones de llegar al objetivo que se indica en su título, es decir, a «interpretar de manera posibilística» las funciones de pertenencia, las medidas del significado. Una interpretación de la que, el último párrafo del apartado 19.3 avanza que, en el caso nítido finito, se requiere conocer las medidas de los singletones que integren el conjunto y buscar su máximo.

Recordemos, antes de enunciar y probar un teorema al respecto, que los conjuntos nítidos se confunden con su función de pertenencia que, en ese caso, se llama función característica y que los conjuntos borrosos se manejan en su forma de trabajo gracias a una de sus funciones de pertenencia, aquella que refleje el comportamiento observable de su (imprecisa) etiqueta lingüística.

Teorema. Sea $f: X \rightarrow [0, 1]$ tal que $\text{Sup}_{x \in X} f (x) = 1$. La función $\pi_f : [0, 1]^X \rightarrow [0, 1]$, definida por

$$\pi_f (g) = \text{Sup}_{x \in X} \min (g (x), f (x)), \text{ para toda } g \in [0, 1]^X,$$

es una medida de posibilidad en $[0, 1]^X$, es decir, mide cuán posibles son las funciones $g: X \rightarrow [0, 1]$, supuesto que la disyunción entre esas funciones se defina por medio de la operación máximo punto a punto. Se dice que π_f es la medida de posibilidad condicionada por la función f.

Demostración. Es obvio que $\pi_f (\mathbf{0}) = \text{Sup} \min (0, f (x)) = 0$ y $\pi_f (\mathbf{1}) = \text{Sup} \min (1, f(x)) = \text{Sup} f (x) = 1$. Además y como sea que la disyunción entre funciones viene dada por el operador máximo punto a punto, es decir, $(g + h)(x) = \max (g (x), h (x))$ para todo x de X, es:

$\pi_f (g + h) = \text{Sup} \min ((g + h)(x), f (x)) = \text{Sup} \min (\max (g (x), h (x)), f (x)) = \text{Sup} (\max (\min (g (x), f (x)), \min (h (x), f (x)) = \max (\text{Sup} (\min (g (x), f (x)), \min (h (x), f (x))) = \max (\pi_f (g), \pi_f (h))$. CQD.

Un comentario sobre la condición a la que se somete la función f en el teorema es pertinente. Que deba ser Sup f = 1 implica que f no sea auto-contradictoria, es decir, que no sea $f < f' = N \circ f \Leftrightarrow f(x) \leq f^{-1}(1/2)$, ya que, de serlo, sería Sup $f \leq f^{-1}(1/2)$.

Así pues, como toda función f no auto-contradictoria define una medida de posibilidad condicionada por ella misma, de una tal función f puede decirse que es una «distribución de posibilidad»; en particular, toda medida del significado o función de pertenencia a un conjunto borroso que tenga 1 por supremo, puede ser vista como una distribución de posibilidad. Naturalmente, en el caso finito el anterior «Supremo» será «Máximo » y la función valdrá uno en por lo menos uno de los puntos.

Como un ejemplo, veamos cómo calcular la medida de cuán posible es, en el universo del discurso X = [0, 1], la función $g(x) = x^2$, supuesta la distribución de posibilidad f (x) = x. Es decir, cuán posible es que «x sea muy grande » una vez conocido que «x es grande». Es:

$$\pi_f(g) = \text{Sup min}(x^2, x) = \text{Sup } x^2 = 1,$$

Indicando que es totalmente posible.

19.5. Relación de la posibilidad con la probabilidad y la necesidad

Dejando para el final de este apartado 19 un ejemplo más completo, veamos antes la relación del concepto de posibilidad con los de necesidad y probabilidad. El primero no requiere cambiar el marco formal en el que se ha venido trabajando, pero el segundo requiere, para poder contar con probabilidades de Kolmogorov, su particularización a un álgebra de Boole.

Tal como se dijo en 19.1, «p es necesario» se considera equivalente a «no p no es posible»; por ejemplo, «Es necesario que algún día salga el Sol» equivale a «No es posible que nunca salga el Sol». Lo necesario se percibe como aquello cuya negación es imposible. Con ello, dada una medida de posibilidad π, cabe estudiar si la función $N_\pi(p) = 1 - \pi(p')$, puede identificarse como una de necesidad, ver si verifica alguna propiedad que pueda considerarse típica de lo necesario.

Nótese, antes de seguir, que de esa fórmula se deduce sin más que suponer la negación fuerte en p, que es $\pi(p) = 1 - N_\pi(p')$, así como que $N_\pi(\mathbf{0}) = 1 - \pi(\mathbf{1}) = 0$, $N_\pi(\mathbf{1}) = 1 - \pi(0) = 1$, y

$N_\pi(p \cdot q) = 1 - \pi((p \cdot q)') = 1 - \pi(p' + q') = 1 - \max(\pi(p'), \pi(q')) = \min(1 - \pi(p'), 1 - \pi(q')) = \min(N_\pi(p), N_\pi(q))$,

Igualdad que requiere la ley de dualidad y anuncia que una conjunción es tan necesaria como el mínimo de las necesidades de sus compontes; que para que un todo sea necesario deben serlo todas sus componentes.

Es una fórmula que permite llamar medidas de necesidad a las funciones N tales que $N(\mathbf{0}) = 0$, $N(\mathbf{1}) = 1$, $N(p \cdot q) = \min(N(p), N(q))$, que ponen de manifiesto la intuición de que una conjunción no puede ser necesaria si no lo son todas sus componentes, es decir, manifiesta una propiedad que parece típica de lo necesario.

En cuanto a las medidas de posibilidad condicional π_f, generan las de necesidad condicional

$$N_f(g) = 1 - \pi_f(g') = 1 - \text{Sup min}(1 - g(x), f(x)) = \text{Inf max}(g(x), 1 - f(x)).$$

Así, en el ejemplo expuesto al final de 19.4, será:

$$N_f\,(g) = \text{Inf max}\,(x^2, 1 - x) = (\sqrt{5} - 1)/2,$$

la raíz positiva de la ecuación de segundo grado $x^2 = 1 - x$, reflejando la intersección de las dos funciones cuyo mínimo es, precisamente, la necesidad buscada.

Parece, además, razonable pensar que un mismo enunciado no medirá más como necesario que como posible, es decir, que siempre será menos necesario que posible y, en efecto, como es fácil observar es $N_f \leq \pi_f$. Es el caso del ejemplo anterior, en el cual es $\pi_f = 1 > N_f = (\sqrt{5} - 1)/2$. Se trata, por tanto, de pares de medidas coherentes.

Cuando una posibilidad π y una necesidad N son coherentes, $N \leq \pi$, si la posibilidad es nula, también lo es la necesidad y si ésta es uno también lo es la posibilidad:

Ninguna posibilidad => Ninguna necesidad,

Necesidad total => posibilidad total.

19.6. Coherencia con la probabilidad en álgebras de Boole

Veamos ahora y en la hipótesis que los enunciados constituyen un álgebra de Boole, como cabe comparar las anteriores medidas con las de probabilidad. Se trata de un asunto que trataremos suponiendo que las medidas de necesidad y posibilidad son un par condicionado dual y, por tanto, coherente, es decir, tal que $N_f \leq \pi_f$.

En esta hipótesis, una medida de probabilidad, prob, se dice que es coherente con las de necesidad y posibilidad si, como se anticipó antes, es $N_f \leq \text{prob} \leq \pi_f$. Está claro que esa desigualdad de coherencia no la cumplirán tres medidas dadas al azar y una de cada tipo; también es evidente que dadas las dos extremas, podrán existir muchas medidas de probabilidad intermedias. En todo caso, sin embargo, la frase del lenguaje ordinario «es posible pero no es probable» se refiere al caso en que la posibilidad es 1 pero la probabilidad y, por tanto, la necesidad son 0; es una frase indicando que el lenguaje presupone, con frases como la anterior y la «no es necesario, pero es posible», que esas medidas sean coherentes.

Veamos, para finalizar este apartado 19.6 un ejemplo sencillo con X = {1, 2, 3} y f = 0.7/1 + 1/2 + 0.5/3, en el que se buscan las probabilidades coherentes con las medidas duales π_f y N_f. Buscaremos en primer lugar esas dos medidas a las que, para simplificar, suprimiremos el subíndice f.

1) π (1) = f (1) = 0.7; π (2) = f (2) = 1; π (3))= f (3) = 0.5; π ({1,2}) = max {0.7, 1} = 1; π({1,3}) = max {0.7, 0.5} = 0.7; π ({2,3}) = 1; π (∅) = 0; π (X) = 1.

2) N (1) = 1 - π ({2,3})= 1 – 1=0; N (2) = 1 - π ({1, 3}) = 1 – 0.7 = 0.3; N (3) = 1 - π ({1,2}) = 1 – 1 = 0; N ({1,2}) = 1 - π (3) = 1 – 0.5 = 0.5; N ({1,3}) = 0; N ({2,3}) = 0.3; N (∅) = 0; N (X) = 1.

En cuanto a las probabilidades, vienen definidas por tres números prob (1), prob (2) y prob (3) que, todos entre 0 y 1, sumen uno. Cada terna de ese tipo da una probabilidad; es, por ejemplo, prob ({2, 3}) = prob (2) + prob (3). Para ello, debe ser N (k) ≤ prob (k) ≤ π (k), para k entre 1 y 3, es decir:

- $N(1) \leq prob(1) \leq \pi(1) \Leftrightarrow 0 \leq prob(1) \leq 0.7$
- $N(2) \leq prob(2) \leq \pi(2) \Leftrightarrow 0.3 \leq prob(2) \leq 1$
- $N(3) \leq prob(3) \leq \pi(3) \Leftrightarrow 0 \leq prob(3) \leq 0.5$,

con tal que su suma sea 1. Así, la terna (0.4, 0.5, 0.1) da una probabilidad coherente con la que, por ejemplo, es prob ({2,3}) = 0.4 + 0.5 = 0.9; también da una probabilidad coherente la terna (0.5, 0.3, 0.2) con la que prob ({2,3}) = 0.5, pero la terna (0.1, 0.2 0.7) da una probabilidad no coherente y con la que prob ({2,3}) = 0.2 + 0.7 = 0.9. Debe observarse que la misma probabilidad para el suceso {2, 3} se alcanza con una probabilidad coherente que con otra incoherente.

19.7. Ejemplos

Veamos, para acabar esta sección, dos ejemplos (posibilísticos) algo más interesantes que los anteriores.

19.7.1. Primer ejemplo

De la edad de una persona,β, se sabe que está entre 37 y 41 años, que no es menor de 32, ni mayor de 43. Con tal información, calcular la posibilidad de que β tenga: (a) Menos de 40 años; (b) más de 42 y (c) más de 33. De tener que apostar por su edad, ¿a cuál hacerlo?

En primer lugar hay que especificar la función condicionante f, para lo cual elegimos como escala de edades el intervalo [0, 100] indicando años; la función será por tanto una del tipo $f: [0, 100] \rightarrow [0, 1]$, y de la cual sólo se sabe lo siguiente:

$f(x) = 1$, si $x \in [37, 41]$; $f(x) = 0$, si $x \in [0, 32] \cup [43, 100]$; desconocida entre 32 y 37, así como entre 41 y 43, es decir, requiere ser completada en los intervalos (32, 37) y (41, 43).

La falta de información por lo que respecta a esos dos intervalos impide saber cómo es f en ellos; por tanto, se debe hacer una hipótesis al respecto que, como corresponde al principio metodológico de parsimonia de Ockham, especificaremos como la función más simple, la lineal. Es decir,

$$f(x) = (x - 32)/5, \text{ si } x \in (32, 37), \; f(x) = (43 - x)/2, \text{ si } x \in (41, 43).$$

Especificada f, pueden ya calcularse las medidas π_f pedidas.

a) $\pi_f([0, 40]) = f(40) = 1$;

b) $\pi_f([42, 100]) = \text{Sup} \min (f(x), m_{[42, 100]}(x)) = \text{Sup}_{x \in [42, 100]} f(x) = 0.5$;

c) $\pi_f([33, 100]) = 1$.

Por lo tanto, es uno la posibilidad de que β tenga menos de 40 o más de 33, y 0.5 que tenga más de 42.

Con ello y de tener que apostar a su edad, cabría hacerlo a que, posiblemente, β está entre los 33 y los 42 años.

19.7.2. Segundo ejemplo

$$0, \text{ si } x \in [0, 4] \cup [6, 10]; \ (x - 4)/2, \text{ si } x \in [4,5]; \ 1 - x, \text{ si } x \in [5, 6],$$

tomándola como condicionante, f, calcular la medida de posibilidad de los enunciados p = entre 4 y 6, q = igual a 8.

La medida de p es $m_p(x) = 1$, si x [4, 6]; = 0, en otro caso. La medida de q es $m_q(x) = 1$, si x = 8; = 0, en otro caso. Con ellas,

a) π_f (entre 4 y 6) = $\text{Sup}_{[0, 10]} \min (m_C(x), m_{[4,6]}(x)) = \text{Sup}_{[4,6]} m_C(x) = 1$.

b) π_f (igual a 8) = $\text{Sup}_{[0, 10]} \min (m_C(x), m_8(x)) = \min (m_C(8), m_8(8)) = \min (0, 1) = 0$,

es, pues, completamente posible que el valor esté entre 4 y 6 e imposible por completo que sea 8.

Para acabar, obsérvese que si A es un subconjunto de [0, 10] tal que $[4, 6] \subseteq A$, al ser $\pi_f([4,6]) = 1 \leq \pi_f(A)$, sigue que la medida de posibilidad de cualquier conjunto que contenga aquel intervalo también es uno.

20. LO VERDADERO Y LO FALSO

20.1. Enunciados verdaderos o falsos

El llamado «problema de la verdad», que tantas páginas escritas por filósofos llena, tiene una larga historia que no es ajena a cuestiones del ámbito teológico y que, en este escrito, tan lejos queda. Una lejanía que pone de manifiesto que no se vaya a tratar de la verdad sino de lo verdadero, ni de la falsedad o la mentira sino de lo falso, palabras, de verdadero y falso, que seguramente originaron los conceptos de verdad y falsedad. Unos conceptos que cuando se escriben con mayúscula, Verdad y Falsedad, han llegado a contraponerse de tal manera que, como enseña la historia y ni mucho menos solamente la antigua, devienen extraordinariamente peligrosos para los seres humanos. Tanto que acostumbra a causar muchas desgracias; con frecuencia muchísimas y con grandes costos culturales, económicos y sociales, amén de vidas humanas.

En realidad, sólo vamos a ocuparnos de la acepción no metafísica sino medible de los adjetivos «verdadero (v) » y «falso (f) » que, como es bien sabido, califican enunciados como son, por ejemplo, «7 es un número primo es verdadero», «7 es un número par es falso», «Es verdadero que quien está escribiendo este párrafo vive en Oviedo», «Es verdadero que quien está escribiendo este párrafo vivió en Madrid», etc.

En todos esos ejemplos, del tipo «p es v» o «p es f», existen procedimientos objetivos para probar si lo afirmado por el enunciado p es, en efecto, bien real, verdadero, o bien irreal, falso; de lo que se califique de verdadero y de lo que se califique de falso, se ha de poder probar (de alguna manera objetiva) que es lo que sucede o sucedió en la realidad. Lo que sucederá en el futuro aún no puede calificarse de ninguna de las dos maneras, será simplemente posible, probable o necesario.

En cuanto a una mentira, es un enunciado falso que adrede se intenta hacer pasar por uno verdadero. La mentira requiere la intencionalidad de quien la dice y, de decirla sin voluntad de mentir, sólo se tratará de una falsedad que, por más que pueda acarrear malas consecuencias, no se verá como algo merecedor de sanción. No es lo mismo contar falsedades sin saber que lo son, que contar mentiras, falsedades conocidas por verdades y por más que muchas veces y en el uso ordinario del lenguaje suelan confundirse ambas cosas; cosas que se distinguen, no obstante, por la intencionalidad del sujeto. Un sujeto es «veraz» cuando de cuanto del mismo se conoce no cabe suponer que sistemáticamente cuente mentiras, que sea un mentiroso; veraz y mentiroso son antónimos.

En general, la veracidad obliga a la comprobación más objetiva posible de aquello que se considere verdadero; obliga a comprobar la *adequatio rei et intellectus,* idea que aflora en el campo filosófico desde Aristóteles hasta Alfred Tarski pasando por Tomás de Aquino. En el caso de las matemáticas, por ejemplo, lo verdadero, lo que las constituye, son sus teoremas a los cuales sólo les es aplicable el adjetivo «verdadero» tras ser probados, demostrados. Antes son conjeturas que, en absoluto despreciables para pensar especulativamente no son, sin embargo, útiles para trabajar con ellas de manera indudable.

Intentemos dar un paso al frente en esa concepción de lo verdadero considerando el caso «científico», es decir, de las palabras previamente domesticadas, las palabras con significado medible.

20.2. La medida de un enunciado y la relación con su veracidad

Si p es un enunciado en un universo X del discurso, medible por una magnitud escalar $(X, <_p, m_p)$ o, dicho de otra manera, representable por una conjunto borroso de trabajo $\mathbf{P}^{med}$, el nuevo enunciado «p es v» deberá manejarse por medio de la magnitud escalar $(E(X), <_v, m_v)$, donde E (X) es el conjunto de los enunciados actuantes en X. Sean las relaciones binarias $<_p$ y $<_v$ lo que sean, las funciones m_p y m_v, no son independientes ya que y en efecto, en el lenguaje se suele aceptar, si es p = «x es P», que p es verdadero cuando es $m_p (x) = m_v (p)$, cuando el grado en que «x es P» coincide con el grado en el que p es verdadero.

Es por ello que, en ese caso particular, cabe suponer que sea $m_v = F \circ m_p(x)$, con F una función que de ser la identidad arroja lo anterior, la coincidencia entre ambas medidas.

Sin embargo, la dependencia de ambas medidas no tiene por qué ser de tipo funcional, ni mucho menos restar limitada a los enunciados elementales del tipo «x es P»; antes y muy bien podría ser del tipo

$$m_v (p) = \mathrm{Sup}_{x \in X}\, m_p (x),$$

expresión relativa a los enunciados elementales componiendo p y que, de ser X finito e igual a $\{x_1 , \ldots , x_n\}$, sería

$$m_v (p) = \mathrm{Max}\, \{m_p (x_1), \ldots , m_p (x_n)\},$$

con lo que m_v (p) coincidiría con el mayor de los números $m_p (x_k)$; si en lugar de tomar el supremo se tomase el ínfimo, entonces y en el caso finito, se tendría el mínimo. No obstante, también puede pensarse en obtener m_v (p) como una agregación de los valores $m_p (x_k)$ y como es, por ejemplo, su media aritmética, la geométrica u otra ponderada.

Lo relevante de la relación entre m_v y m_p, es el hecho de que no son independientes. Por ejemplo y en el anterior caso funcional, de tomar la función $F (x) = x^2$, sería $m_v (p) = m_p (x)^2$, permitiendo la interpretación de «x es P es verdadero», como «x es muy P».

20.3. La verdad de los enunciados y el razonamiento

En lo siguiente se representará el número m_v (p) en [0, 1] por t (p) = grado de verdadero (*true*, en inglés) de p y se partirá de la hipótesis que la deducción no lo hace decrecer, es decir, que t verifica la propiedad: $p < q \Rightarrow t (p) \leq t (q)$, las consecuencias no son menos verdaderas que la premisa, la deducción nunca recorta sino más bien alarga lo verdadero.

Por esa razón, $h < p \Rightarrow t (h) \leq t (p)$, las hipótesis no son más verdaderas que la premisa, la abducción reduce lo verdadero. Si lo que se prevé no es menos verdadero que lo ya conocido, aquello que explica lo conocido no es más verdadero que ello.

Análogamente a esa propiedad esencial de expandir lo verdadero, los valores de t (p) y t (p’) deben ser simétricos, es decir, como crezca t (p) debe decrecer t (p’): t (p’) = 1 – t (p). Por descontado que tal simetría puede no serlo respecto de 1/2, sino de otro número en el intervalo unidad y con deformaciones compensatorias a su derecha y a su izquierda; ello dependerá obviamente del tipo de negación que sea (') en p y que se reflejará en la función N de negación dando m_v (p') = (N o m_v)(p).

Por ejemplo, de tratarse de una negación fuerte en p, podría ser que fuese t (p') = N_f (t (p)), con f un automorfismo de orden del intervalo unidad y N_f (a) = f^{-1} (1 – f (a)) para todo a de [0, 1]. La simetría de t (p') = f^{-1}(1 – f (t (p)), sería respecto del punto f^{-1}(1/2) y la deformación la causaría el automorfismo f. En todos los casos, sin embargo, se contaría con las equivalencias: t (p) = 0 ⇔ t (p') = 1 y t (p') = 0 ⇔ t (p) = 1.

Con ello, si p < r', si r refuta p, es t (p) ≤ t (r') = 1 – t (r) ⇔ t (p) + t (r) ≤ 1: Si fuese, por ejemplo, t (p) = 0.7 sería t (r) ≤ 0.3, de ser t (p) = 1 sería t (r) = 0, de ser t (r) = 1 sería t (p) = 0, etc.

Obsérvese, sin embargo, que nada puede decirse de los valores t (p) y t (q) si es $p \perp q$ y $p \not< q'$, si q es una especulación o conjetura ortogonal desde p; como t (p) y t (q') son números, uno será menor que el otro, pero no es posible conocerlo 'a priori'. Sólo si la conjetura es una consecuencia, una hipótesis o una especulación débil, cabe decir algo: De las dos primeras ya se vio, de las terceras, que verifican e' < p, será 1 ≤ t (p) + t (e); con ello, si es t (p) = 1, e puede ser cualquier cosa ya que es 0 ≤ t (e), y si es t (e) = 1, es 0 ≤ t (p), pudiendo ser ambas verdaderas por completo a la vez o una verdadera y la otra falsa, pero no ambas falsas por completo a la vez.

En cuanto a las especulaciones fuertes, las dos expresiones que las definen, $p \perp q$ y $p \perp e'$, impiden ningún cálculo como los anteriores; respecto a lo verdadero no hay ley previa, las especulaciones fuertes son «salvajes» a ese respecto. Nada puede decirse previamente sobre la relación entre t (p) y t (e).

21. COMENTARIOS EN RELACIÓN CON LA ENSEÑANZA.

Para concluir, unos comentarios acerca de por qué los autores creen que cuanto han presentado debería emplearse, ser un útil de trabajo, en la segunda enseñanza y en el Bachillerato especialmente e, incluso, en la Formación Profesional.

21.1. Enseñanza integrada

Uno de los aspectos con los que no comulgan los autores, es la división disciplinaria de los cursos de Bachillerato; la vida se divide muy difícilmente entre aquello que es geografía, lo que es historia y lo que es lengua, lo que es física, química, tecnología, etc. Así, y por ejemplo, la historia se refiere, con frecuencia, a unos lugares, en unas épocas y con unas culturas determinadas; entenderla exige conocer esos dónde y cómo, cuándo y quiénes. La vida ordinaria aparece como una unidad y no como una partición.

Tal vez y junto a la poesía y la música (si es que de ellas se intenta realmente enseñar algo), son las matemáticas la única disciplina que puede escaparse de lo anterior y por la simple razón de su carácter abstracto y su capacidad de ser aplicadas a casi todo. En particular, a desvelar el origen de las entidades virtuales y lingüísticas llamadas conjuntos borrosos, así como ayudar a su manejo y aplicación a mil problemas prácticos como son controlar un tren de manera automática, construir un tensiómetro, una cámara fotográfica autofoco, un lavavajillas, la transmisión automática de un automóvil, analizar imágenes, etc.

21.2. Colaboración entre distintas disciplinas

Algunas de esas cosas pueden hacerse sin grandes dificultades en aquellos niveles de enseñanza permitiendo, a la vez, la cooperación de profesores de distintas disciplinas. Por ejemplo, la construcción de un «controlador borroso» sencillo puede ser una colaboración entre los de matemáticas y física con el de tecnología, con la finalidad de, luego, aplicarlo a algún problema real de control de máquinas; el estudio de los antónimos y su construcción cuando de un término lingüístico, de una palabra, no se conoce ningún opuesto, puede serlo entre el o la de lengua, la o el de filosofía y el o la de matemáticas. Etc.

Naturalmente, esa colaboración debe partir de la voluntad de los profesores, aunque y de ir las cosas mejor, debiera ser impulsada por los directores y los inspectores, quienes no debieran reducir su actividad a meras actuaciones burocráticas que, en realidad, no hacen sino lo que no deben, inhibir la creatividad del conjunto «profesores más alumnos». Ese conjunto es el universo del discurso didáctico en el que se encuentran conjuntos borrosos como son los de la «calidad del aprendizaje», la «creatividad individual y grupal», la «cooperación», etc.

21.3. Trabajo por proyectos

Los alumnos cursan enseñanzas de matemáticas, muchas veces con carácter cíclico siguiendo la ya antigua didáctica de don Julio Rey Pastor y don Pedro Puig Adam, desde pequeños a adultos; pero, limitándolas a la resolución de problemas meramente ilustrativos, es muy probable que nada les digan, que no les «toquen dentro». ¿Cómo lograrlo?

¿Es posible que, análogamente a la música o los comics de su tiempo, también, las matemáticas les lleguen y vibren en su interior?

Tal vez, el estudio a través de proyectos docentes integrando varias disciplinas y con la intervención de los correspondientes profesores quienes, además, hayan diseñado el proyecto o taller docente, pueda ser una posibilidad e, incluso más, una oportunidad. Como a los autores les parece que lo sería un taller dedicado a construir y, luego, emplear un controlador borroso, entre los profesores de matemáticas, física y tecnología al que, también y, además, podrían participar los de lengua, filosofía e, incluso, historia. Un tipo de taller que permite poner a los alumnos ante preguntas como «¿Pueden razonar las máquinas? », o es más, «¿Pueden pensar las máquinas? »; preguntas que por lo menos deberían atraer el interés de los profesores de filosofía, física, tecnología, literatura, y psicología.

Es una labor didáctica nueva que requiere algo fuera de las actuales costumbres, la colaboración didáctica de los profesores, tanto en la ideación y el planteamiento, como en la ejecución del proyecto. Un nuevo estilo de enseñanza que, además, también permite entrenar a los alumnos en el trabajo cooperativo en grupo y enfocar de otra manera su evaluación. Un nuevo enfoque que puede llevar a que los alumnos dejen de ver el centro docente como «lugar de exámenes» y pasen a verlo como «lugar de aprendizajes».

Nuestro país tiene una notable densidad de investigadores bien en la lógica borrosa, o bien empleándola en sus trabajos. Lamentablemente, el interés de las pocas empresas que dicen investigar, ha sido muy menor, casi inexistente; algo que contrasta con lo sucedido en, por ejemplo, Japón o Alemania por sólo citar dos países.

Es una densidad que ofrece, no obstante, y de cara a la enseñanza, la posibilidad de que cualquier grupo de profesores de Bachillerato deseando plantear un taller como el citado, puedan, al tenerlos relativamente cerca, contar con quienes puedan asesorarles directamente y tanto en la fase de ideación, como en la de preparación e incluso en la de realización del proyecto.

21.4. Motivación

Una posibilidad a mano de los profesores para motivar el interés de los alumnos en la lógica borrosa, reside en mostrarles cómo cabe mantener un palo en posición vertical sobre una plataforma, símil, si se quiere, de mantener una escoba verticalmente en la palma de la mano y añadiendo que si a las personas les resulta muy, muy difícil ese equilibrio cuando la escoba está rota y los trozos juntados con rótulas, con la *fuzzy logic* no es especialmente difícil conseguirlo (de ello se encuentran vídeos en la web).

Tanto en la Internet como en referencias escritas hay disponible mucha documentación de la cual, además, el contacto personal con un grupo de investigadores universitarios, les puede surtir fácilmente.

Para acabar, la llamada lógica borrosa, si se quiere el razonamiento de sentido común con palabras imprecisas y representado matemáticamente, ofrece unas posibilidades didácticas para las cuales este escrito no es más que «una información general» a disposición de los profesores de Bachillerato y Formación Profesional. Para saber más, los autores recomiendan cuanto aparece en la próxima sección bibliográfica.

¡Ojalá su estudio les anime a intentar preparar e impartir algún taller con sus alumnos!

22. BIBLIOGRAFÍA

BÖHME, G.: *Fuzzy Logik: Einführung in die Algebraischen und Logischen Grundlagen*. London: Springer; 1993.

BOUCHON-MEUNIER, B.: *La logique flou*. Paris: PUF; 2003.

DEMANT, B.: *Fuzzy Theorie oder die Faszination des Vaguen*. Wiesbaden: Vieweg; 1993.

GARCÍA-HONRADO, I.: *Fuzzy Logic at Schools and High Schools? Proceedings in 2012 Annual Meeting of North American Fuzzy Information Processing Society*, 2012.

——— *Reflections on the teaching of Fuzzy Logic. Proceedings in 8th Conference of the European Society for Fuzzy Logic and Technology*, 2013; 683-690.

KLIR, G., YUAN, B.: *Fuzzy Sets and Fuzzy Logic*. New Jersey: Prentice Hall; 1995.

KOSKO, B.: *El futuro borroso, o el cielo en un chip*. Madrid: Ed. Crítica; 1999.

LIN, H. R., CAO, B. Y. y LIEN, Y. Z.: *Fuzzy Sets Theory Preliminary: Can a Washing Machine Think?* New York: Springer; 2018.

LÓPEZ DE MÁNTARAS, R.: *Approximate Reasoning Models*. Upper Sader: River Prentice Hall; 1990.

MUKAIDONO, M.: *Fuzzy Logic for Beginners*. Singapore: World Scientific; 2001.

NGUYEN, H. T., Walker, E. A.: *A First Course in Fuzzy Logic*. Boca Raton: CRC Press; 2005.

SANGALLI, A.: *The Importance of Being Fuzzy*. Princeton New Jersey: Princeton University Press; 1998.

TANAKA, K.: *An Introduction to Fuzzy Logic for Practical Applications*. New York: Springer; 1997.

TRILLAS, E.: *Conjuntos borrosos*. Barcelona: Ed. Vicens Vives; 1980.

——— *La Inteligencia artificial*. Madrid: Ed. Debate; 1998.

——— *Razonamiento; significado, incertidumbre y borrosidad*. Pamplona: Eds.UPNA; 2015.

——— *En defensa del raonament*. València: PUV; 2015.

——— *On the Logos. A Naïve View on Fuzzy Logic and Ordinary Reasoning*. Berlin: Springer; 2018.

——— *El desafío de la creatividad*. Santiago de Compostela: EUSC; 2019.

——— *Repensando los conjuntos borrosos. ¿Qué es y qué no es un conjunto borroso?* León: EUL; 2020.

——— *Narrar, conjeturar y computar. El pensamiento*. Granada: EUG; 2020.

——— *Divagaciones sobre pensar y razonar*. Granada: EUG; 2021.

——— *El sentido común. Diálogos sobre el estudio conjunto del lenguaje y el razonamiento*. Generis Publishing; 2023.

——— *La génesis de la Lógica. Reflexiones ingenuas*. Santiago de Compostela: EUSC; 2021.

——— ALSINA, C. y TERRICABRAS, J. M.: *Introducción a la lógica borrosa*. Barcelona: Ed. Ariel; 1995. Traducido al inglés: The Genesis of Logic. Springer; 2024.

TRILLAS, E. y ECIOLAZA, L.: *Fuzzy Logic. An introductory course for engineers*. Berlin: Springer; 2015.

TRILLAS, E. y GARCÍA-HONRADO, I.: «La transversalidad de la lógica borrosa, ¿una oportunidad pedagógica?», *Cuadernos del Cimbage*, 2019; 2(21): 201-217.

TRILLAS, E., TERMINI, S. y TABACCHI, M. E.: *Language at Work. A (critical) Essay.* Berlin: Springer; 2022.

TRILLAS, J., TRILLAS, E. *La lección, manifiesto para cambiarla. Cuadernos de Pedagogía*, 2020; 764.

ZIMMERMANN, H. J.: *Fuzzy Set Theory and Its Applications*. New York: Springer; 1992.